献给我的儿子伊戈尔
他是个想当牛仔的小伙子

George Gamow
One Two Three... Infinity: Facts and Speculations of Science
New York: Viking Press, 1961
根据维京出版社 1961 年修订版译出

书中插图均由乔治·伽莫夫亲自绘制

───────────────

果麦文化 出品

从一到无穷大

［美］乔治·伽莫夫 著

阳曦 译

One Two Three ... Infinity

George Gamow

云南出

云南人

三一学院有个年轻人

想求无穷大的平方根

位数多到让他抓狂

他丢下数学拿起神

ONE TWO THREE

...

INFINITY

There was a young fellow from Trinity
Who took $\sqrt{\infty}$
But the number of digits Gave him the fidgets;
He dropped Math and took up Divinity.

"时候到啦，"海象开口说，
"聊聊天下事……"

——刘易斯·卡罗尔：《爱丽丝镜中奇遇》

目录

前言

……譬如原子、恒星、星云、熵和基因；譬如人能不能弯曲空间，火箭为什么会缩短。是的，在这本书里，我们将讨论以上所有问题，以及其他很多同样有趣的东西。

我之所以想写这样一本书，是为了尽可能地搜集现代科学中最有趣的事实和理论，从微观到宏观，为读者描绘一幅全面的宇宙图景，让他们知道如今科学家眼里的世界是什么样子。为了实现这个宏伟的计划，我不打算完整地介绍每一套理论，否则这本书势必变成多卷本的百科全书；不过与此同时，我挑选主题的标准是尽量覆盖基础科学知识的方方面面，不留下任何死角。

筛选主题的时候，我依据的主要是它们的重要性和有趣程度，而不是专挑简单有用的东西来说，这样的做法势必造成表述上的不均衡。本书的部分章节非常简单，就连孩童都能轻松看懂，但也有一些章节需要读者略微集中精力、做一点儿研究才能完全理解。不过普通读者在阅读本书时应该不会遇到太大的困难，至少我希望如此。

你可能会注意到，本书后半部分讨论"宏观宇宙"的部分比前面讨论"微观世界"的章节简短得多。这主要是因为我在《太阳的诞生和死亡》和《地球小传》两本书中已经深入讨论了关于宏观宇宙的很多问题，现在再多费唇舌无疑会显得冗长而重复。因此，在这本书里，我只是大体描述了关于行星、恒星和星云的物理学常识以及主宰它们的规律，只有在介绍近年来科学进展带来的最新发现时，我才会多花费一些笔墨。根据这一原则，我重点介绍了由所谓的"中微子"（它是物理学家所知的最小粒子）引发的大规模恒星爆炸，人们将它命名为"超新星"，以及新的行星理论：这套理论重新构建了康德和拉普拉斯几乎已经被人遗忘的古老观点，也推翻了目前学界广泛认可的看法，即行星起源于太阳和其他恒星的碰撞。

我衷心感谢许许多多的艺术家和插图画师，他们的作品经过拓扑变换（见第二卷第三章），为本书的很多插图提供了基础的素材。我最想感谢的是一位年轻的朋友——玛丽娜·冯·诺依曼。玛丽娜宣称自己什么事都比她那位著名的父亲懂得多，当然，数学除外；她表示，对于这门学科，她所知的不过和父亲相仿而已。读了本书部分章节的草稿以后，玛丽娜告诉我说，很多东西她都看不懂，所以我只好承认，本书不适合儿童阅读，这和我当初想的不太一样。

G. 伽莫夫

1946 年 12 月 1 日

1961 年版前言

　　所有关于科学的书籍在付梓几年以后都很容易变得过时，如果你介绍的是那些正在飞速发展的科学领域，那更是难逃厄运。我这本《从一到无穷大》虽然已经出版了十三年，却幸运地躲过了这个魔咒。在本书问世前不久，科学界取得了一系列重要成果，我在写作中已经纳入了这部分内容，所以时至今日，我只需要做一点修改和增补就能追上最新的发现。

　　这些重要成果包括原子能的成功释放，它的具体表现形式是基于热核反应的氢弹爆炸，科学家的下一个目标是实现热核过程的可控能量释放。虽然他们目前尚未取得太大的突破，但研究工作仍在稳步推进。在本书第一版第十一章中，我已经介绍了热核聚变的原理和它在天体物理学领域的应用。要进一步囊括最新的进展，我只需要在第七章末尾增加一些新的内容。

　　除此以外还有一些变化：我们估算的宇宙年龄从原来的 20 亿年到 30 亿年增长到了现在的 50 亿年以上，加州帕洛马山之巅新竖起的 200 英寸海尔望远镜的最新观测结果也帮助我们完成了天文距离尺度的修订。

生化领域的新进展迫使我修改了图101及其说明文字，并在第九章末尾增加了一些关于简单生命体合成反应的新内容。在本书的第一版中，我曾写道："是的，生命和非生命物质之间当然有一个过渡的步骤，有朝一日——或许就在不久的将来——等到某位天才生化学家终于用普通的化学元素合成了病毒分子，他就可以骄傲地宣布：'我刚刚赋予了死物质生命的气息！'"呃，几年前，加州的科学家真的完成了——或者说几乎完成了——这一壮举。在第九章的末尾，诸位读者可以看到关于这项工作的简单介绍。

最后还有一个变化：本书第一版题词写着"献给我的儿子伊戈尔，他是个想当牛仔的小伙子"。很多读者写信来问，伊戈尔后来有没有实现理想。我只能回答没有，明年夏天他即将毕业，学的是生物，现在他打算从事基因方面的工作。

G. 伽莫夫

科罗拉多大学 1960 年 11 月

第一卷

数字游戏

第一章　大数字

1　你能数到几？

　　我们先讲个故事：两位匈牙利贵族决定玩一个游戏，比一比谁说出的数字最大。

　　"呃，"其中一位表示，"你先说。"

　　经过几分钟的冥思苦想，另一位贵族终于说出了他能想到的最大的数字。

　　"3。"他说。

　　现在轮到第一位贵族伤脑筋了，不过一刻钟以后，他宣布放弃。

　　"你赢了。"他心灰意冷地说。

　　当然，这两位匈牙利贵族的脑子算不上聪明[1]，这个故事大概也只是个恶意的玩笑，但类似的对话说不定真的发生过，只不过对话的双方可能不是匈牙利贵族，而是西南非洲的霍屯督人。一些非洲探险家的确提到过，很多霍屯

---

1. 为了佐证这一点，我再讲个类似的故事：一群匈牙利贵族去阿尔卑斯山远足，结果迷了路。一位贵族拿出地图研究了半天，然后宣布："现在我知道我们在哪儿了！""在哪儿呀？"其他人问道。"看到前面那座大山了吗？现在我们就站在它的山顶上。"

督部落的语言里没有超过 3 的数字。你可以找个当地土著，问他有多少个儿子或者杀过多少个敌人，如果答案超过 3，那么他会回答，"很多"。所以要是单说数数，最勇猛的霍屯督战士也斗不过美国幼儿园年龄的孩子——小朋友好歹还能数到 10 呢！

你想写多大的数就能写多大，对今天的我们来说，这样的想法早已深入人心——哪怕你想以分为单位记录战争支出，或者以英寸为单位测量恒星间的距离，也只需要在数字的最右侧加无数个零而已。你可以写零一直写到手酸，不经意间你就能得到一个比宇宙[1]中原子总数量还大的数字——顺便说一下，这个数是 300,000,000,000,000,000,000,000,000,000,000,000,000,000,000,000,000,000,000,000,000,000,000,000,000,000,000,000,000。[2]

或者你可以把它简写成：3×10^{74}。

小小的数字"74"位于"10"的右上角，它代表的是"3"后面有多少个 0，换句话说，这个数等于 3 乘以 10 的 74 次方。

但古人不懂这套"简易记数法"。事实上，科学记数法诞生还不到两千年，它的创造者是一位佚名的印度数学家。在这位无名英雄做出他的伟大发现——这的确是个伟大的发现，虽然我们常常意识不到它的伟大之处——之前，古

---

1. 目前最大的望远镜能观测到的范围。

2. 截至 2018 年，可观测宇宙的原子总数量约为 10^{80} 个，你可以看看这个数字比伽莫夫的时代又增长了多少倍。——译注

人只能用一个特殊的符号来代表十进制单位中的每一位数，要记录这个位置上的具体数字，你必须将相应的符号重复一定次数。举个例子，古埃及文字中的"8732"是这样的：

与此同时，恺撒办公室里的书记员会这样写：

MMMMMMMMDCCXXXII

后面这组符号你肯定觉得很眼熟，因为直到今天，我们偶尔还会使用罗马数字——比如说，用于标记书中的章目，或者在装饰华美的纪念碑上记录某个历史事件的时间。由于古人需要记录的数字最大也不过是几千而已，所以他们根本没有千位数以上的数字符号；哪怕是最精于算术的罗马人，如果你要求他写个"一百万"，他也只能束手无策；如果你继续坚持，那他只能连续写一千个"M"，这够他辛苦好几个小时（见图1）。

对古人来说，那些特别大的数字都是"不可数"的，譬如天空中有多少星星，海里有多少条鱼，或者海滩上有多少粒沙子；于是他们只好像数不到"5"的霍屯督人一样，简单地概括说，"很多"！

公元前3世纪的著名科学家阿基米德（Archimedes）提出过一种描述极大数字的方法。他在《数沙者》(*The Psammites*)一书中写道：

图1
一位打扮类似奥古斯都·恺撒的古罗马男子试图用罗马数字写出"一百万"。墙上这块板子看起来连"十万"都不太写得下

　　"有人认为沙子的数量多得数不清；我说的不仅仅是锡拉丘兹或者整个西西里岛的沙子，而是地球上有人或无人居住的所有地方的所有沙子。另一些人并不这样认为，但他们觉得我们想不出一个足够大的数字来描述地球上的沙子数量。这些人显然也同样觉得，如果有一座和地球一样大的沙堆，而且地面上所有的海洋和盆地都已被沙子填满、堆高，一直堆到和最高的山峰齐平，那么我们更不可能想出办法来描述这个沙堆中所有沙子的数量。但现在我想说的是，我的方法不仅能描述地球上所有沙子的数量，

或者刚才那个大沙堆中的沙子数量——哪怕有个宇宙那么大的沙堆，我们也能准确描述它拥有多少沙子。"

阿基米德在这本著作中介绍的描述极大数字的方法和我们今天的科学记数法十分相似。他先是采用了古埃及算术中最大的数字"myriad"，即一万。然后阿基米德引入了一个新的数字，"myriad myriad"（一万的一万倍，即一亿），他称之为"octade"，或者说"第二级单位"；以此类推，"octade octades"（一亿亿）被称为"第三级单位"，"octade octade octades"就是"第四级单位"。

今天的我们或许觉得这样的记数法过于琐碎，描述一个数可能要花费好几页的篇幅，但在阿基米德那个时代，这种描述大数字的方法的确是个大发现，也是古人探索数学的重要一步。

要计算能填满整个宇宙的沙子数量，阿基米德首先得弄清宇宙到底有多大。当时人们相信，整个宇宙装在一个水晶球里面，所有星星都镶嵌在水晶球上；同时代著名天文学家萨摩斯的阿里斯塔克斯（Aristarchus of Samos）估算，地球到宇宙水晶球边缘的距离是 10,000,000,000 视距，即 1,000,000,000 英里左右。[1]

根据宇宙球的大小和沙子的尺寸，阿基米德做了一系列能让高中学生做噩梦的计算，最后他得出结论：

---

1. 希腊距离单位 1 视距等于 606 英尺零 6 英寸，或者 188 米。

"根据阿里斯塔克斯估算的宇宙球尺寸，能填满这个空间的沙子数量不大于一千万个第八级单位。"[1]

你或许会注意到，阿基米德估算的宇宙半径比科学家现在所认为的小得多。十亿英里的距离还不够我们走到土星轨道。正如我们将在后文中看到的，目前的望远镜已经将可观测宇宙的范围拓展到了 5,000,000,000,000,000,000,000 英里以外，那么要填满整个宇宙，需要的沙子肯定超过 10^{100}（1 后面 100 个 0）粒。

当然，这个数比本章开头介绍的宇宙总原子数量（3×10^{74}）大得多，但我们不能忘了，原子并未填满整个宇宙；事实上，宇宙中每立方米的空间内平均只有大约 1 个原子。

但要获得极大的数字，我们不一定非得用沙子填满整个宇宙。事实上，一些极大的数字常常来自非常简单的问题，初看之下，你肯定觉得这种问题的答案最多不过几千而已。

印度的舍罕王就吃过这种天文数字的苦头。传说大维齐尔[2]西萨·本·达希尔（Sissa Ben Dahir）向舍罕王献上了自己发明的象棋，国王高兴之余，打算赐给他奖赏。聪明的大维齐尔提出了一个看起来十分谦逊的要求。"陛下，"他跪在

---

1. 如果用我们习惯的方法来表示的话，这个数应该是：一千万（10,000,000）× 第二级单位（100,000,000）× 第三级单位（100,000,000）× 第四级单位（100,000,000）× 第五级单位（100,000,000）× 第六级单位（100,000,000）× 第七级单位（100,000,000）× 第八级单位（100,000,000），或者简单记作 10^{63}（也就是 1 后面 63 个 0）。

2. grand vizier，最高级的大臣，职权类似宰相。——译注

国王身前说道，"请在棋盘的第一个格子里放一粒小麦，第二个格子放两粒，第三个格子放四粒，第四个格子放八粒。每个格子里的小麦数量是前一个格子的两倍，这样填满整张棋盘的 64 个格子。噢，我的王，这就是我要的奖赏。"

"哦，我忠诚的仆人，你要的的确不多。"国王暗自得意。象棋太神奇了！为了奖励这个游戏的发明者，他做出了慷慨的姿态，最后却所费不多，真是皆大欢喜。于是他说，"你的要求当然会得到满足。"然后他命令卫士送来了一袋麦子。

不过等到他们真正开始数的时候——第一个格子 1 粒麦子，第二个格子 2 粒，第三个格子 4 粒，以此类推——还没填满 20 个格子，袋子就空了。卫士们送来了一袋又一袋麦子，但每个格子需要的麦粒数量增长得太快，没过多久国王就明白过来：全印度的庄稼加起来都不够发放他许给西萨·本的奖赏。要填满 64 个格子，他们一共需要 18,446,744,073,709,551,615 粒麦子！[1]

这个数没有宇宙总原子数那么大，但也不算小了。假

---

1. 聪明的大维齐尔索要的麦粒数量可以表达为下面这个式子：$1+2+2^2+2^3+2^4+\cdots\cdots+2^{62}+2^{63}$。在数学中，一连串以相同倍数（这个式子里的倍数是"2"）不断增长的数字被称为等比数列。我们可以证明，等比数列中所有数字之和等于公比（这里是 2）的项数次幂（64）减去第一项（1），再除以公比减 1，数学式如下：$\frac{2^{63} \times 2-1}{2-1} = 2^{64}-1$，最终答案是：18,446,744,073,709,551,615。

图 2
训练有素的数学家大维齐尔西萨·本·达希尔向印度舍罕王索取奖赏

设 1 蒲式耳[1]麦子约有 5,000,000 颗麦粒,那要满足西萨·本的要求,舍罕王需要 4 万亿蒲式耳麦子。考虑到全世界每年的小麦产量大约为 2,000,000,000 蒲式耳,那么大维齐尔要求的麦粒数量约等于全世界两千年的小麦总产量!

就这样,舍罕王发现自己欠了大维齐尔一大笔债,现在他只有两个选择:要么慢慢还债,要么砍掉这只老狐狸的头。我们估计他很可能会选择后者。

---

1. 蒲式耳(bushel)是英制容量及重量单位,1 蒲式耳小麦 = 60 磅(约 27.22 千克)。2018 年,联合国粮农组织预报的世界小麦产量约为 7.28 亿吨,大约只需要一百五十年就能满足西萨·本的要求。——译注

另一个关于极大数字的故事同样来自印度，它牵涉一个关于"世界末日"的问题。爱好数学的历史学家 W.W.R. 鲍尔（W.W.R. Ball）是这样说的：[1]

在贝拿勒斯那座伟大的神庙里，代表世界中心的穹顶之下安放着一块铜板，铜板上镶有 3 根高 1 腕尺（约等于 20 英寸）、蜜蜂身体一般粗的金刚石针。神在创世时将 64 张纯金圆片安放在其中一根针上，最大的金片直接放置在铜板上，其余金片依次堆叠，逐渐缩小，这就是梵塔。值守的僧侣夜以继日、从不停歇地将这些金片从一根金刚石针转移到另一根金刚石针上。至于梵塔如何转移，神定下了不可更改的铁律：僧侣每次只能移动一张金片，所有金片必须安放在金刚石针上，较小的金片绝不能放在比它大的金片下面。等到全部 64 张金片都从创世时神安放的那根针转移到另一根针上面，塔、神庙和婆罗门都将化为尘埃，世界也将在轰鸣的霹雳中归于寂灭。

我们在图 3 中描绘了这个故事讲述的场景，只不过这里画出的圆片数量比较少。你可以用普通的硬卡纸和长铁钉代替金片和金刚石针，模仿印度传说做个类似的解谜玩具。不难发现，按照移动金片的通用规则，每一张金片需要的移动次数都是前一张的两倍。第一张金片只需要移动一次，但后面每张金片需要的移动次数将以几何级数增长，

---

1. W.W.R. 鲍尔，《数学游戏与欣赏》（*Mathematical Recreation and Essays*，麦克米伦公司，纽约，1939）。

等到全部 64 张金片转移完毕，僧侣移动金片的总次数正好等于西萨·本·达希尔索要的麦粒数！[1]

图 3
梵天巨像前的僧侣为"世界末日"问题而操劳
（图中的金片不到 64 张，因为画那么多金片实在有点儿困难）

---

1. 如果需要移动的金片只有 7 张，那么总的移动次数等于：$1+2^1+2^2+2^3+\cdots\cdots$，也就是 $2^7-1=2\times2\times2\times2\times2\times2\times2-1=127$。如果你移动金片的速度很快，而且从不犯错，那么完成任务大约需要一个小时。但要是有 64 张金片，那么需要移动的总次数等于：$2^{64}-1=18,446,744,073,709,551,615$。正好等于西萨·本·达希尔索要的麦粒数量。

将梵塔的 64 张金片从一根金刚石针转移到另一根针到底需要多久？假设僧侣不分昼夜连轴转，既不休息也不度假，每秒移动一次金片；考虑到一年大约有 31,558,000 秒，那么完成这项任务大约需要 5800 亿年多一点儿。

有趣的是，我们可以比较一下这个传说预言的"世界末日"和现代科学预测的宇宙寿命。根据现有的宇宙演化理论，恒星、太阳和包括地球在内的行星大约是在 30 亿年前凝聚成形的。[1]我们还知道，为恒星（尤其是我们的太阳）提供能量的"原子燃料"大约还能支撑 100 亿年到 150 亿年（见第十一章"创世年代"）。因此，宇宙的总寿命必然小于 200 亿年，和印度传说预言的 5800 亿年根本无法相提并论！不过，那毕竟只是个传说！

文献记录中提到过的最大数字可能来自著名的"印刷行数问题"。假设我们有一台可以持续工作的印刷机，它印出来的每一行内容都是从字母表和其他印刷符号中自动挑选出来的不同组合。这台机器内装有多个独立的圆盘，每个圆盘边缘都刻着整套的字母和符号。组合起来的圆筒运动方式类似汽车上的里程表：后面的圆盘每转动一圈，前一位的圆盘就会转动一格。滚筒将纸张源源不断地送入印

---

1. 截至 2018 年，宇宙学主流观点认为，太阳系大约在 46 亿年前开始形成，系内行星形成的时间比太阳更晚一些；宇宙中的第一批恒星大约诞生于 130 多亿年前，此后也不断有恒星形成和死亡；恒星的寿命根据大小不同区别很大，不过目前预测的宇宙寿命大概还有 200 多亿年，所以宇宙的总寿命约为 400 亿年。——译注

刷机，圆筒转动一次，纸上就会印出相应的一行。这样的
自动印刷机制造起来应该不难，它看起来差不多就是图 4
的样子。

现在我们打开这台机器，看看它能印出些什么。大部
分内容完全不知所云，它们看起来是这样的：

"aaaaaaaaaaa……"

或者

"boobooboobooboo……"

又或者

"zawkporpkossscilm……"

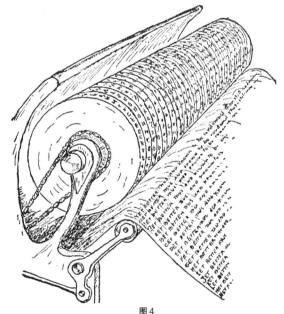

图4

这台自动印刷机刚刚印出了一行莎士比亚的诗句

不过既然这台机器能穷尽所有可能的字母和符号组合，那么在连绵不断的毫无意义的垃圾中，我们终将找到一些有意义的句子。当然，很多句子完全没用，例如：

"马有六条腿，然后……"

或者

"我喜欢用松节油煮苹果……"

但只要细心检查，我们必将找到莎士比亚写下的每一行诗句，包括那些被他自己扔进废纸篓的作品！

事实上，这样一台自动印刷机必将印出自人类学会写字以来所有人写过的所有东西：每一行散文和诗歌、每张报纸上的每一篇社论和广告、每一部沉闷的科学论著、每一封情书、每一张留给送奶工的纸条……

除此以外，这台机器还将印出未来的人们将要写下的所有东西。我们将在圆盘印出的纸张上找到 30 世纪的诗歌、未来的科学发现、第 500 届美国国会的演讲稿，以及 2344 年的行星际交通事故报告。我们将看到尚未被人类之手写出的无数短篇故事和长篇小说，要是出版商的地下室里有这么一台机器，那他们只需要从大量垃圾里挑出这些佳作进行编辑就好——反正他们现在也是这么干的。

那我们为什么不能这样做呢？

呃，我们不妨算一算，要穷尽字母和印刷符号的所有组合，这台机器到底要印多少行？

英语字母表中共有 26 个字母，除此以外还有 10 个数字（从 0 到 9）和 14 个常见标点（空格、句号、逗号、冒号、分号、问号、感叹号、破折号、连字符、引号、省略号、中括号、小括号和大括号），加起来一共是 50 个符号。假设这台机器共有 65 个圆盘，也就是说，每行可以印 65 个符号。每一行的第一个符号都是随机选择的，因此共有 50 种可能，第二个符号同样有 50 种可能，于是两个符号的组合共有 $50 \times 50 = 2500$ 种可能。对于任意给定的双符号组合，第三个符号又有 50 种可能，以此类推。所以，每一行可能的符号组合可以表达为：

$50 \times 50 \times 50 \times \cdots \cdots \times 50$（65 个 50 相乘），或者 50^{65}，也就是 10^{110}。

为了感受一下这个数字到底有多大，不妨假设宇宙中的每个原子都是一台印刷机，现在我们有了 3×10^{74} 台同时工作的印刷机。再进一步假设所有机器都从宇宙诞生的那一刻开始工作，时至今日，它们已经运转了 30 亿年，或者 10^{17} 秒；如果这些印刷机的工作效率等于原子的振动频率，也就是说，每秒印刷 10^{15} 行，那么截至目前，它们加起来大约印出了 $3 \times 10^{74} \times 10^{17} \times 10^{15} = 3 \times 10^{106}$ 行——差不多完成了总任务的三千分之一。

是的，想从这些自动印刷的材料里面挑出任何东西，你都得花很多很多时间！

2 无穷大有多大

上一节中我们讨论了数字，其中很多数字相当大。尽管这些数字界的巨无霸（例如西萨·本要求的麦粒数量）大得超乎想象，但它们依然是有限的，只要有足够的时间，你总能将它数到最后一位。

但世界上还有一些真正"无穷大"的数字，无论你花多少时间都写不完。比如说，"所有数字的数量"显然无穷大，同样的还有"一条线上所有几何点的数量"。除了"无穷大"以外，你还能用什么办法来描述这样的数字？或者说，我们能不能比较两个不同的"无穷数"，看看它们谁"更大"？

"所有数字的数量和一条线上所有点的数量，这两个数到底哪个大？"我们能这样问吗？著名数学家格奥尔格·康托尔（Georg Cantor）头一次认真审视了这些被视作异想天开的问题，他是当之无愧的"无穷数学"奠基者。

要比较"无穷数"的大小，我们首先会遇到一个问题：这些数字，我们既无法描述，也无法数清。这就像一位霍屯督人打算清点自己的财产，看看是玻璃珠更多还是铜币更多。但是，你应该记得，霍屯督人最多只能数到 3。那么他是不是应该放弃比较玻璃珠和铜币的数量，因为这两个数他都数不清？不一定。如果这位土著足够聪明，他应该能想到，可以把玻璃珠子和铜币拿出来一对一地比较。他可以在一枚铜币旁边放一颗玻璃珠，然后在第二枚铜币旁放下第二颗玻璃珠，以此类推，周而复始……如果玻璃珠用光了，但铜币还有剩余，那么他就会知道，铜币比玻璃珠多；要是铜币没了，玻璃珠还没用完，那就是玻璃珠更多；如果二者正好相等，那么玻璃珠和铜币一样多。

这就是康托尔提出的比较两个"无穷数"的方法：我们可以对两组无穷数进行配对，每个集合里的一个元素分别对应另一个集合里的一个元素，如果最后它们正好一一对应，任何一个集合都没有多余的元素，那么这两个数的大小相等；但是，如果两组无穷数无法一一对应，某个集合中存在无法配对的剩余元素，那么我们可以说，这个集合的无穷数更大，或者更强。

这显然是最合理的办法。事实上，要比较无穷大的数字，我们也只有这个办法；但是，如果你真的打算采用这种办法，那你得做好大吃一惊的准备。比如说，奇数的数量和偶数的数量都是无穷大，我们先来比较一下这两个无穷数。当然，出于直觉，你肯定认为这两个数相等，它们也完全符合我们刚才描述的规律，奇数和偶数可以列成一对一的组合：

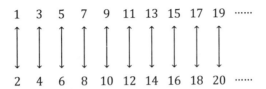

在这张表格中，每个偶数都有一个对应的奇数，反之

亦然；因此，奇数的数量和偶数的数量是两个相等的无穷数。看起来真的非常简单自然！

不过，请稍等一下。下面两个数你觉得哪个更大：所有数字（包括奇数和偶数）的数量和偶数的数量？你当然会说，肯定是所有数字的数量更大，因为除了偶数以外，它还包含了奇数。不过这只是你的直觉，要找到准确答案，你得严格按照我们上面描述的方法来比较这两个无穷数。这样一来，你会惊讶地发现，你的直觉错了。事实上，所有数字的集合和只有偶数的集合也能做成一张一一对应的表格：

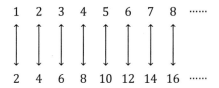

根据无穷数的比较规则，我们只能说，偶数的数量和所有数的数量是两个相等的无穷数。这听起来当然很矛盾，因为偶数只是所有数字的一部分，但我们必须记住，这里讨论的是无穷数，所以我们只能做好准备，直面它们的古怪特性。

事实上，在无穷数的世界里，部分可能等于整体！这方面最好的例子大概是德国数学家大卫·希尔伯特（David Hilbert）讲的一个故事。据说希尔伯特曾在开讲座的时候

这样描述无穷数的矛盾特性：[1]

"我们不妨想象一家旅馆，它的房间数量是有限的。现在所有房间都住满了，一位新来的客人想要一个房间，'对不起，'店主回答，'但我们已经客满了。'接下来，我们再想象一家拥有无穷多个房间的旅馆，所有房间同样住满了。这家旅馆也来了一位想住店的新客人。

"'当然可以！'店主热情地喊道。于是他将原来住在 N1 号房的客人挪到 N2 号房，N2 号房的客人挪到 N3，N3 的挪到 N4，以此类推……最后新客人住进了刚刚腾出来的 N1 号客房。

"现在我们继续想象，一家旅馆拥有无穷多个房间，现在来了无穷多个想住店的新客人。

"'没问题，先生们，'店主回答，'稍等一下。'

"他让 N1 号房的客人挪到 N2 号房，N2 的挪到 N4，N3 的挪到 N6，以此类推……

"现在所有奇数号的房间都空了出来，无穷多位客人轻轻松松就安置了下来。"

呃，哪怕在战时的华盛顿，要想象希尔伯特描述的这种情况也并不容易，但这个故事抓住了问题的重点：无穷大的数字的确拥有一些不同于普通数字的古怪特性。

根据康托尔的"无穷数比较法则"，我们现在还能证明

---

1. 出自 R. 柯朗，《希尔伯特轶事全集》——这部著作从未正式出版，甚至没有真正写下来过，但却广为流传。

分数（例如 3/7 或者 735/8）的数量等于整数的数量。事实上，我们可以根据如下规则将所有分数排成一行：先写下分子与分母之和等于 2 的分数，这样的分数只有一个：1/1；然后写下分子分母之和等于 3 的分数：2/1 和 1/2；接下来是分子分母和为 4 的：3/1，2/2，1/3。以此类推，最终我们将得到一个包含了所有分数的无限长的数列（见图 5）。现在，我们在这个数列上方写下整数数列，让这个数列中的每个项和分数数列一一对应。最后你会发现，分数的数量和整数的数量相等！

"呃，听起来是不错，"你也许会说，"不过简而言之，

图 5
非洲土著和 G. 康托尔教授一样，都想比较他们数不出来的数

这不就是说所有无穷数都相等吗？如果真是这样的话，比较它们的大小又有什么意义？"

不，你想得不对。事实上，你可以轻而易举地找到比分数和整数的数量更大的无穷数。

我们不妨回顾一下刚才提过的一个问题：一条线上所有点的数量和所有数字的数量，这两个数到底哪个大？你会发现，这两个无穷数并不相等，一条线上的点比整数或者分数的数量多得多。要证明这一点，我们不妨在一条线（比如说一条 1 英寸长的线）和整数数列之间建立一一对应的关系。

每个点在线上的位置可以描述为它与线段某端之间的距离，这段距离又可以记作一个无限小数，例如 0.7350624780056……或者 0.38250375632……[1] 因此，我们比较的对象变成了整数的数量和无限小数的数量。现在不妨思考一下，我们在这里提到的无限小数，和 3/7 或者 8/277 之类的分数有什么区别？

你肯定记得数学课上讲过，每个分数都能化作一个有限小数或者一个无限循环小数。因此，2/3=0.66666…=0.(6)，3/7=0.428571 | 428571 | 428571 | 4…=0.(428571)。前面我们已经证明了分数数量等于整数数量，因此无限循环小数的数量必然也等于整

---

1. 这里的所有小数都小于 1，因为我们假设这条线的长度为 1。

数数量。但是，一条线上的点不一定都能用无限循环小数来描述，事实上，大多数时候，点的位置对应的是一个无限不循环小数。你很容易发现，在这种情况下，两个数列不可能一一对应。

假如有人宣称他能完成这样的对应，那他应列出如下对应关系：

N

1　　0.38602563078……

2　　0.57350762050……

3　　0.99356753207……

4　　0.25763200456……

5　　0.00005320562……

6　　0.99035638567……

7　　0.55522730567……

8　　0.05277365642……

·　　………………………

·　　………………………

·　　………………………

·　　………………………

·　　………………………

当然，因为我们不可能真的写出无穷多个无限小数的每一位数，那么这张表的作者必然有自己的一套排列法则（就像我们之前排列分数那样），这样才能保证涵盖你能想到的任何一个小数。

呃，不难证明，任何排列法则都保证不了这样的事情，因为我们随时可以写出一个无限小数，它绝对不属于这张没有尽头的表。这是怎么做到的？噢，简单极了。你只需要写一个这样的小数：它在小数点后的第一位不等于 N1 的小数点后第一位，第二位不等于 N2 的小数点后第二位，以此类推。最后你得到的数字大概是这样的：

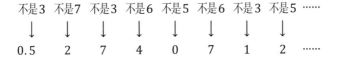

无论往下翻多少行，你绝对无法在表格中找到这个数字。事实上，要是这位作者告诉你，你写下的小数出现在表格的第 137 行（或者其他任何一行），你可以马上回答："这不可能，因为表格中第 137 行的数字小数点后第 137 位和我这个数不一样。"

因此，一条线上的点和整数之间无法建立一一对应的关系，这意味着一条线上点的数量大于，或者说强于所有整数或分数的数量。

我们刚才讨论的点来自一条"1 英寸长"的线，不过现在，根据"无穷数学"，我们可以轻松证明，同样的结论适用于任意长度的线。事实上，无论线的长度是 1 英寸、1 英尺还是 1 英里，它拥有的点的数量完全相等。为了证明这一点，我们只需要看看图 6，这幅示意图比较了两条长度不同的线段 AB 和 AC 拥有的点的数量。为了在两条线段之间建立一一对应的关系，我们从其中一条线段上的每一个点出发，画了一组无穷多条的平行线，每条平行线与两条线段的交点分别是 D 和 D¹，E 和 E¹，F 和 F¹，以此类推。AB 上的每一个点在 AC 上都有对应的一点，反之亦然。因此，根据无穷数的比较法则，两条线段拥有的点的数量完全相等。

遵循同样的原则，我们还有一个惊人的发现：一个平面上的所有点的数量等于一条线上的所有点的数量。为了证明这一点，我们不妨画一条 1 英寸长的线段 AB 和一个正方形 CDEF（图 7）。

线段 AB 上每一个点的位置都能用一个数字来描述，譬

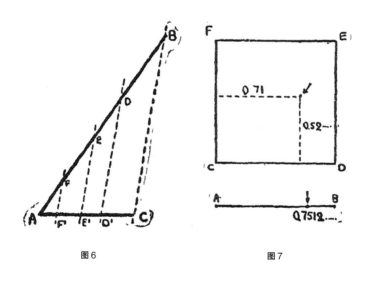

图6   图7

如 0.75120386……我们可以取小数点后的奇数位和偶数位，分别组成两个数字，即 0.7108……和 0.5236……

现在用这两个数分别代表正方形内某个点的横坐标和纵坐标，于是我们得到了平面内的一个"对应点"。反之，如果平面内某个点的横坐标和纵坐标分别是 0.4835……和 0.9907……，那么将这两个数字融合在一起，我们同样可以得到线段 AB 上的对应点：0.49893057……

显然，通过这样的方法，我们在这两组点之间建立了一一对应的关系。线段上的每一个点在平面内都有一个对应点，反之亦然，双方都不会落下哪怕一个点。因此，按照康托尔的标准，平面内所有点的数量等于线上所有点的数量。

通过类似的方式，我们也很容易证明，立方体内所有点的数量等于平面或线段内所有点的数量。要完成这个任务，我们只需要把最初的那个小数分成三个部分[1]，再用这三个点作为坐标来寻找立方体内的"对应点"。进一步说，既然两条任意长度的线段拥有的点数量相等，那么任意正方形和立方体（无论大小）拥有的点数量也完全相等。

虽然几何点的数量大于整数和分数的数量，但它还不

---

1. 比如说，0.735106822548312……
   可以分割成
   0.71853……
   0.30241……
   0.56282……

是数学家所知的最大的数。事实上，我们发现，曲线的种类（包括那些形状最不同寻常的曲线）大于几何点的数量，因此我们必须用无穷数列的第三个数来描述它。

"无穷数学"的奠基者格奥尔格·康托尔提出，我们可以用希伯来字母 $\aleph$（aleph）来描述无穷大的数字，字母右下方的角标代表该数字在无穷数列中的位置。于是我们得到了这样一个数列（包括无穷数！）：

1，2，3，4，5，……$\aleph_0$，$\aleph_1$，$\aleph_2$，$\aleph_3$……

现在我们可以说，"一条线上有 $\aleph_1$ 个点"，或者"曲线共有 $\aleph_2$ 种"，就像平时我们说"世界分为 7 个部分"或者"一副牌有 52 张"一样。（见图 8）

在无穷数的话题结束之前，我们必须指出，无穷数的增长速度极快，很快就会超越任何我们能想到的集合。我们知道，$\aleph_0$ 代表所有整数的数量，$\aleph_1$ 代表所有几何点的数量，$\aleph_2$ 代表曲线的所有种类，但截至目前，还没有任何人能找到可以记作 $\aleph_3$ 的集合。看来前三个无穷数足以穷尽我们能想到的一切事物，所以我们现在的处境和那位有很多儿子却只能数到 3 的霍屯督老朋友正好相反！

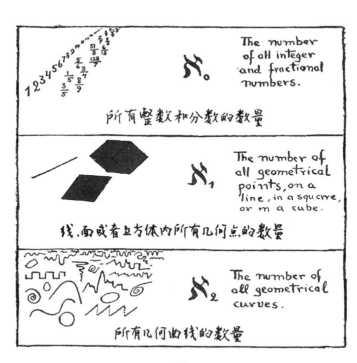

图8

前三个无穷数

第二章　自然数字和人造数字

1　最纯粹的数学

数学通常被人们，尤其是数学家视为科学界的皇后，作为皇后，它自然不愿意和其他任何学科产生暧昧的关系。因此，在某次"理论数学与应用数学联合会议"上，有人请大卫·希尔伯特作一次公开演讲，希望借此弥合两派数学家之间的隔阂。希尔伯特是这样开场的：

"我们常听别人说，理论数学和应用数学互为寇仇。但实情并非如此。无论是过去、现在还是未来，理论数学和应用数学从来就不是寇仇，事实上，它们也不可能成为寇仇，因为二者之间毫无相似之处。"

不过，虽然数学情愿保持超然的地位，尽量远离其他学科，但反过来说，其他学科（尤其是物理）却很喜欢数学，它们总是竭尽所能地想跟数学"打成一片"。事实上，时至今日，理论数学几乎所有分支都已经成为科学家解释物理世界的工具，其中包括那些曾经被人们认为纯粹得没有任何实用价值的理论，例如群论、非交换代数和非欧几何。

不过，哪怕是在今天，数学领域内仍有一套庞大的体系一直坚守着"无用"的高贵地位，它唯一的作用就是帮助人们锻炼智力，这样的超然绝对配得上"纯粹之王"的桂冠。这套体系就是所谓的"数论"（这里的"数"指的是整数），它是最古老、最复杂的理论数学思想之一。

奇怪的是，尽管数论的确是最纯粹的数学，但从某个角度来说，它又是一门基于经验甚至实验的科学。事实上，数论的绝大多数命题来自实践——人们尝试用数字去做各种事情，然后得到一些结果，由此形成理论。这样的过程和物理学别无二致，只不过物理学家尝试的对象是现实中的物体而非理论化的数字。数论和物理学还有一个相似之处：它们的某些命题得到了"数学上"的证明，但另一些命题仍停留在经验主义的阶段，等待着最杰出的数学家去证明。

我们不妨以"质数问题"为例。质数指的是不能被比它小的数字（除了1以外）整除的数，例如1，2，3，5，7，11，13，17，等等。[1]但12就不是质数，因为它可以表示为2×2×3。

质数的个数是无限的吗？还是说存在一个最大的质数，比它大的任何数字都可以表示为已有质数的乘积？首先提出这个问题的正是欧几里得（Euclid）本人，他以一种简单而优雅的方式证明了质数有无穷多个，所以并不存在所谓

---

1. 按照现代数学的定义，"1"既不是质数也不是合数，但1是否为质数不影响这一段的内容。——译注

的"最大质数"。

为了验证这个命题，我们暂且假设质数的个数是有限的，并用字母 N 来代表已知最大的质数。现在，我们将所有质数相乘，最后再加 1，数学式如下：

$(1×2×3×5×7×11×13×...×N)+1$

这个式子得出的结果当然比所谓的"最大质数"N 大得多，但是这个数显然不能被任何一个质数（最大到 N 为止）整除，因为它是用上面这个式子构建出来的。根据这个数学式，我们可以清晰地看到，无论用哪个质数去除它，最后必然得到余数 1。

因此，我们得到的这个数字要么是个质数，要么能被一个大于 N 的质数整除，无论哪个结果都必将推翻我们最初的假设：N 是最大的质数。

我们刚才采用的证明方法叫作"归谬法"（reductio ad absurdum），它是数学家最爱的工具之一。

既然我们知道质数有无穷多个，那么我们不妨问问自己：有没有什么简单的办法能将所有质数按照顺序一个不漏地列出来呢？古希腊哲学家暨数学家埃拉托斯特尼（Eratosthenes）首次提出了解决这个问题的办法，我们称之为"筛选法"。你只需要写下所有整数：1，2，3，4……然后筛出 2 的所有倍数，再筛出 3 和 5 的所有倍数，以此类推，继续筛出所有质数的倍数。埃拉托斯特尼筛选 100 以内所有质数的示意图请见图 9，这些数字共有 26 个。利用这种简单的筛选法，我们已经列出了 10 亿以内的质数表。

要是能列出一个公式来自动寻找所有质数（而且只有质数），那岂不是更快、更简单？然而数学家琢磨了十几个

图 9

世纪，依然没有找到这样的公式。1640 年，法国著名数学家费马（Fermat）提出了一个公式，他认为这个式子算出的结果都是质数。

费马的公式是这样的：$2^{2^n}+1$，其中 n 代表自然数，例如 1、2、3、4 等等。

利用这个公式，我们可以得出如下结果：

$2^{2}+1=5$

$2^{2^{2}}+1=17$

$2^{2^{3}}+1=257$

$2^{2^{4}}+1=65537$

事实上，这几个数的确都是质数。不过大约一个世纪以后，德国数学家欧拉（Euler）却发现，按照费马的公式得出的第五个数（$2^{2^{5}}+1=4294967297$）不是质数，事实上，这个数等于6700417和641的乘积，费马计算质数的经验公式也因此被证伪了。

另一个能够算出大量质数的重要公式如下：

$n^{2}-n+41$

这个公式中的 n 同样是自然数。我们将 1 到 40 的自然数代入这个公式，得到的结果都是质数，但不幸的是，这个式子走到第 41 步的时候栽了个跟头。

事实上，

$41^{2}-41+41=41^{2}=41\times41$

这是一个平方数，不是质数。

我们再介绍一个试图寻找质数的公式：

$n^{2}-79n+1601$

这个质数公式适用于 79 以内的自然数，但被 80 打败了！

所以我们直到现在都没能列出一个只能算出质数的通用公式。

数论中还有一个既没被证明也没被证伪的有趣问题，人称"哥德巴赫猜想"（Goldbach conjecture）。这个猜想是在 1742 年提出的，它宣称任何一个偶数都能表示为两个质数之和。[1]不用费多少力气你就会发现，对于一些简单的数字，这个猜想完全成立，比如说，12＝7＋5，24＝17＋7，32＝29＋3。然而数学家耗费了无数心血，却依然无法完全证实这个猜想，与此同时，他们也找不出任何一个反例。1931 年，俄罗斯数学家施尼雷尔曼（Schnirelman）朝验证哥德巴赫猜想的目标迈出了建设性的一步。他证明了任何一个偶数都能表示为不多于 300,000 个质数之和。30 万个质数和 2 个质数之间的确存在巨大的鸿沟，另一位俄罗斯数学家维诺格拉多夫（Vinogradoff）又将证明的结果进一步推进到了"4 个质数之和"。但是，维格拉多夫的"4 个质数"离哥德巴赫的"2 个质数"还有最后的两步，看来这两步才最难走，要最终证明或证伪这个难题，谁也说不清到底需要多少年或者多少个世纪。[2]

呃，如此说来，要得出一个能够自动推出任意大质数的公式，我们距离这个目标似乎还很遥远，确切地说，我

---

1. 在现代数学语言中，哥德巴赫猜想表述为：任何一个大于 2 的偶数都能表示为两个质数之和。这里同样牵涉 1 是否质数的定义。

2. 1966 年，中国数学家陈景润证明了"陈氏定理"：任何一个充分大的偶数都可以表示为两个质数的和或者一个质数与一个半质数（2 个质数的乘积）的和。严格地说，这是哥德巴赫猜想的一个弱化版本，但截至目前，陈景润的证明仍是验证哥德巴赫猜想的最好结果。

们甚至无法确定这样的公式是否存在。

所以现在，我们或许可以转而思考另一个谦逊一点儿的问题：在某个给定的数字区间内，质数所占的百分比是多少？随着数字的增大，这个百分比是否大致保持恒定？如果不是的话，那么它是上升还是下降？为了回答这个问题，我们不妨试着数一数质数表中的数字。通过这种方式，我们发现 100 以下的质数共有 26 个，1000 以下的质数有 168 个，1,000,000 以下的有 78,498 个，1,000,000,000 以下的有 50,847,478 个。[1] 我们可以将相应区间内的质数个数列成下表：

区间 1~N	质数个数	比例	$\frac{1}{\ln N}$	偏差 (%)
1~100	26	0.260	0.217	20
1~1000	168	0.168	0.145	16
1~10^6	78498	0.078498	0.072382	8
1~10^9	50847478	0.050847478	0.048254942	5

根据这张表格，首先我们可以看出，随着整数越来越多，质数在所有数字中所占的比例越来越小，但并不存在所谓的最大质数。

数字越大，质数出现的频率就越低，我们能不能用一个简单的数学式来表达这样的趋势呢？答案是肯定的，描述质数平均分布的定理是整个数学领域最重要的发现之一，

---

1. 此处列出的质数个数均将"1"包括在内。——译注

它可以简单地表达为：在 1 到大于 1 的任意自然数 N 的区间内，质数所占的百分比约等于 N 的自然对数的倒数。[1]N 越大，这个式子得出的结果就越精确。

你可以在上页这张表格的第四列找到 N 的自然对数。比较一下第三列和第四列的数字，你会发现两者的确十分相近，而且 N 越大，两列数字的偏差就越小。

和数论领域的其他很多命题一样，质数定理最初是在实践中被发现的，而且在很长一段时间里，我们并没有找到任何可以支持它的严格的数学证据。直到 19 世纪末，法国数学家阿达马和比利时数学家德拉瓦莱·普森才终于成功地证明了这一定理，不过他们采用的方法过于繁难，我们在此暂且略过。

要讨论整数，费马大定理（Great Theorem of Fermat）是个绕不开的话题，它代表着与质数性质表面上全然无关的另一类数学问题。费马大定理的根源可以追溯到古埃及时期，那时候的每个好木匠都知道，如果一个三角形的边长之比是 3:4:5，那它必然包含一个直角。事实上，古埃及人利用这样的三角形来充当木匠的三角尺，所以今天的我们称之为"埃及三角形"。[2]

公元 3 世纪，亚历山大的丢番图（Diophantes of

---

1. 简单地说，某个数的自然对数等于它的常用对数乘以 2.3026。
2. 初等几何课本中的毕达哥拉斯定理证明了古埃及人的直觉，因为 $3^2+4^2=5^2$。毕达哥拉斯定理即勾股定理。——译注

Alexandria）开始进一步探索这个问题。他想知道，除了 3 和 4 以外，是否还有另外两个整数的平方和正好等于第三个整数的平方。他的确找到了性质和"3、4、5"完全相同的其他数字组合（事实上，这样的组合有无穷多个），并给出了寻找这类组合的通用规则。现在，这种三条边的长度都可表达为整数的直角三角形被称为"毕达哥拉斯三角形"，埃及三角形是人类发现的第一个毕达哥拉斯三角形。构建毕达哥拉斯三角形的过程可以简单地概括为一个数学式：[1]

$$x^2+y^2=z^2$$

其中 x，y 和 z 都必须是整数。

1621 年，皮埃尔·费马（Pierre Fermat）在巴黎买了一本丢番图著作《算术》的法语新译本，其中就有关于毕达哥拉斯三角形的内容。读到这里的时候，费马在页边写了一条简短的笔记，他提出，方程 $x^2+y^2=z^2$ 有无穷多组整数解，但对于 $x^n+y^n=z^n$ 这样的方程 [2]，如果 n 大于 2，那么

---

1. 利用丢番图的通用规则（取两个数 a 和 b，要求 2ab 是一个完全平方数。取 $x=a+\sqrt{2ab}$；$y=b+\sqrt{2ab}$；$z=a+b+\sqrt{2ab}$，利用普通代数易证，此时 $x^2+y^2=z^2$），我们可以列出这个方程所有可能的解，最初几组解如下：
$3^2+4^2=5^2$（埃及三角形）
$5^2+12^2=13^2$
$6^2+8^2=10^2$
$7^2+24^2=25^2$
$8^2+15^2=17^2$
$9^2+12^2=15^2$
$9^2+40^2=41^2$
$10^2+24^2=26^2$

2. 在 x、y、z 均不等于 0 时。——译注

该方程无解。

"我有一个绝妙的办法可以证明这一点，"费马继续写道，"但这一页的页边太窄了，实在写不下。"

费马死后，人们在他的藏书室里找到了丢番图的著作，费马在页边留下的这条笔记也因此变得举世皆知。三个多世纪以来，各国最优秀的数学家一直试图重现费马写下笔记时所想的证明过程，但迄今仍未成功。不过确切地说，数学界在这个问题上已经取得了长足的进展，为了证明费马大定理，他们甚至发展出了一门全新的数学分支，也就是所谓的"理想论"（theory of ideals）。欧拉证明了方程 $x^3+y^3=z^3$ 和 $x^4+y^4=z^4$ 不可能有整数解；狄利克雷（Dirichlet）又证明了 $x^5+y^5=z^5$ 没有整数解，再加上其他几位数学家的努力，目前我们已经确认，只要 n 小于 269，这个方程都没有整数解。但目前我们仍未找到 n 为任意值的通用解，[1] 越来越多的人开始怀疑，费马本人可能根本没有证明这一猜想，或者是他弄错了。为了证明费马大定理，甚至有人提供了 10 万德国马克的悬赏，于是这个数学问题变得更加炙手可热，但所有试图淘金的业余爱好者最终都无功而返。[2]

---

1. 1995 年，英国数学家安德鲁·怀尔斯（Andrew John Wiles）及其学生理查·泰勒（Richard Taylor）已经证明了费马大定理。——译注

2. 1908 年，德国人沃尔夫斯科尔（Wolfskehl）立下遗嘱，宣布在自己去世后100 年内第一个证明费马大定理的人可以得到 10 万马克的奖金，很多人因此趋之若鹜。但一战之后，德国马克大幅贬值，沃尔夫斯科尔的悬赏也失去了魅力。

当然，费马大定理可能是错的，也许我们能找到一个反例，证明两个整数的高次幂之和等于第三个整数的同一次幂。不过事到如今，这个 n 必然大于 269，要找到它可不容易。

2　神秘的 $\sqrt{-1}$

现在我们来做一点儿高级算术。2 的平方等于 4，3 的平方是 9，4 的平方是 16，5 的平方是 25，因此 4 的算术平方根等于 2，9 的算术平方根是 3，16 的算术平方根是 4，25 的算术平方根是 5。[1]

但负数的平方根又该是什么呢？$\sqrt{-5}$ 和 $\sqrt{-1}$ 这样的式子有何意义？

若要寻找一个合理的解释，你会毫不犹豫地得出结论：上述数学式完全没有意义。用 12 世纪数学家布拉敏·婆什迦罗（Brahmin Bhaskara）的话来说："正数的平方和负数的平方都是正数，因此正数的平方根有两个，其一为正，其二为负。负数没有平方根，因为任何数的平方都不会是负数。"

但数学家都是顽固的家伙，如果某种完全没有意义的东西反复出现在他们的方程里，他们就会想方设法赋予它

---

1. 其他许多数字的平方根也很好求，比如说：$\sqrt{5}$ =2.236… 因为 (2.236…) × (2.236…) =5.000…，$\sqrt{7.3}$ =2.702… 因为 (2.702…) × (2.702…) =7.300…。

意义。负数的平方根就是这么个讨厌的家伙，无论是在古代数学家苦苦思索的简单算术问题里，还是在 20 世纪相对论框架下时空统一的方程中，你总能看见它的身影。

　　第一位将看似无意义的负数平方根列入方程的勇者是16 世纪的意大利数学家卡尔达诺（Cardano）。当时他试图将数字 10 拆成两个部分，使二者的乘积等于 40。卡尔达诺指出，尽管这个问题没有合理的解，但从数学上说，它的答案可以写成两个看似不可能的表达式：$5+\sqrt{-15}$ 和 $5-\sqrt{-15}$。[1]

　　尽管卡尔达诺认为这两个式子没有意义，完全出于幻想和虚构，但他还是把它们写了下来。

　　既然有人不惮背负虚构之名，写下负数的平方根，那么将 10 拆分成两个乘积等于 40 的部分，这个问题也就有了解。"负数的平方根"这块坚冰被打破了，人们从卡尔达诺使用的修饰词中挑了一个来给这样的数命名，所以现在它被称为"虚数"（imaginary numbers）。自从虚数诞生以后，数学家开始越来越频繁地使用这个概念，虽然在用的时候他们常常表现得顾虑重重，借口多多。1770 年，著名德国数学家莱昂哈德·欧拉出版了一本代数学著作，虚数在这本书中得到了广泛的应用，但欧拉在书中留下了这样

---

1. 证明如下：

$(5+\sqrt{-15})+(5-\sqrt{-15})=5+5=10$，且

$(5+\sqrt{-15})\times(5-\sqrt{-15})=(5\times5)+5\sqrt{-15}-5\sqrt{-15}-(\sqrt{-15}\times\sqrt{-15})=(5\times5)-(-15)=25+15=40$。

的附言："诸如 $\sqrt{-1}$，$\sqrt{-2}$ 之类的表达都是不可能的数，或称虚数。因为它们代表负数的平方根，对于这样的数，也许我们只能说，它们不是零，但并不比零大，也不比零小，所以它们完全是虚构出来的数，或者说不可能的数。"

尽管有这么多借口，但虚数还是迅速成为数学领域不可或缺的元素，就像分数和根式一样，要是不能使用虚数，你简直寸步难行。

我们可以说，虚数家族就像正常数字（或称实数）虚幻的镜像。所有实数都以数字 1 为基础，同样地，我们可以利用 $\sqrt{-1}$ 构建出所有虚数，这个基数通常记作 i。

不难看出，$\sqrt{-9} = \sqrt{9} \times \sqrt{-1} = 3i$；$\sqrt{-7} = \sqrt{7} \times \sqrt{-1} = 2.646...i$，以此类推，每个实数都有一个对应的虚数。你还能将实数和虚数结合到一个式子里，写成 $5+\sqrt{-15} = 5+\sqrt{15}i$ 这样的形式。卡尔达诺发明的这种混合表达式通常被称为复数。

闯入数学王国后的两百多年里，虚数一直蒙着一层神秘的面纱，直到两位业余数学家赋予了它简单的几何意义，虚数才算得以正名。这两位先行者分别是挪威的测绘员韦塞尔（Wessel）和巴黎的会计师罗伯特·阿尔冈（Robert Argand）。

按照这两位数学家的解释，复数可以表达为图 10 所示的形式，比如说，3+4i 代表坐标轴上的一个点，其中 3 是横坐标，4 是纵坐标（垂直坐标）。

事实上，所有实数（无论正负）均可表达为水平轴上的一个点，与此同时，所有纯虚数均可表达为纵轴上的一个点。用横轴上的一个实数（例如 3）乘以虚数基数 i，我们可以得到一个纯虚数 3i，它必然落在纵轴上。因此，从几何角度来说，用一个数乘以 i，相当于让它对应的点在坐标轴内逆时针旋转 90 度。（见图 10）

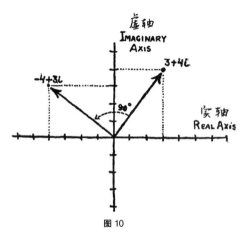

图 10

现在，如果我们将 3i 再乘以一个 i，那么这个点必然逆时针再转 90 度，于是它将重新回到横轴上，只是会落在负数那一侧。因此，

$3i \times i = 3i^2 = -3$，或者说，$i^2 = -1$。

这样一来，"i 的平方等于 −1"这个说法就比"逆时针旋转两个 90 度等于转为反向"好理解多了。

当然，同样的规则也适用于复数。用 3+4i 乘以 i，我们将得到：

$$(3+4i)i=3i+4i^2=3i-4=-4+3i$$

你立即可以从图 10 中看到，代表的点正好相当于 3+4i 逆时针旋转 90 度。同样可以从图 10 中看到的是，一个数乘以 −i 就相当于顺时针旋转 90 度。

如果你还觉得虚数神秘莫测，那我们不妨试着用它来解决一个有实际意义的简单问题。

有位爱冒险的年轻人从曾祖父的文件里找到了一张羊皮纸藏宝图，图上是这样说的：

"航行至北纬_____，西经_____，[1] 有一座荒岛。荒岛北面是一大片没有围栏的草地，上面耸立着一棵孤零零的橡树和一棵孤零零的松树。[2] 你还会看到一座古老的绞架，我们用它吊死叛徒。从绞架出发，走到橡树底下，记下步数；然后向右转 90 度，走同样的步数，在这个位置打下一根桩子。现在，回到绞架旁，走到松树底下，记下步数；然后向左转 90 度，走同样的步数，打下第二根桩子。财宝就埋在这两根桩子的正中间。"

藏宝图上的指示清晰而明确，所以我们这位年轻人弄了条船，驶向南海。他找到了那座岛，那片草地，也看到了橡树和松树，但不幸的是，那座绞架却不见了。岁月荏苒，日晒雨淋风吹，木质的绞架早已化作泥土，甚至没留下一点儿痕迹。

---

1. 为防泄密，本书删去了藏宝图上写的经纬度数字。
2. 出于同样的原因，我也修改了树木的名字。热带藏宝岛的树木显然种类繁多。

我们这位爱冒险的年轻人陷入了绝望，随后他开始狂怒地随处乱挖，但他的努力完全是徒劳，这座岛实在太大了！最后，年轻人两手空空地启程返航，但那座宝藏很可能还埋在地下。

真是个悲伤的故事，但更悲伤的是，要是这位年轻人懂一点儿数学，尤其是虚数的应用，他本来有机会找到曾祖父的宝藏。现在我们来帮他找一找宝藏埋在哪里吧！虽然对他来说，这样的帮助来得太晚，于事无补。

我们不妨将这座荒岛视作一个复数平面；将两棵树相连，以这条直线作为实轴，同时在两棵树的连线中点作一条垂直于实轴的直线，作为虚轴（图11）。以两棵树之间距离的一半为基本单位，那么我们可以说，橡树所在的点是实轴上的 -1，松树所在的点是实轴上的 $+1$。我们不知道绞架的坐标，所以不妨将它记作希腊字母 Γ，正好这个字母看起来很像绞架。绞架的位置不一定落在两条轴上，所以我们必须将它视作一个复数：$\Gamma = a + bi$，其中 a 和 b 的意义见图11。

现在，我们可以按照前面描述的虚数乘法法则，做一些简单的计算。既然绞架的坐标为 Γ，橡树坐标为 -1，那么二者之间的距离和方向可以表达为 $-1-\Gamma = -(1+\Gamma)$。同理可得，绞架和松树之间的距离是 $1-\Gamma$。要将这两段距离分别顺时针（向右）、逆时针（向左）旋转90度，根据前述法则，我们需要将这两个数分别乘以 $-i$ 和 i，由此得出

图 11
虚数寻宝

两根桩子的位置：

第一根桩子：$(-i)[-(1+\Gamma)]+1=i(\Gamma+1)+1$

第二根桩子：$(+i)(1-\Gamma)-1=i(1-\Gamma)-1$

由于宝藏位于两根桩子之间，我们必须求出上述两个复数之和的一半，即

$$\tfrac{1}{2}[i(\Gamma+1)+1+i(1-\Gamma)-1]=\tfrac{1}{2}[+i\Gamma+i+1+i-i\Gamma-1]=\tfrac{1}{2}(+2i)=+i$$

现在我们可以看到，Γ 所代表的未知的绞架坐标在计算中被消掉了，因此无论绞架原来在什么地方，宝藏必然位于点 $+i$。

所以，要是我们这位爱冒险的年轻人会做这么一点点简单的数学运算，他就不用翻遍整座荒岛，只需要在图 11 所示的十字架的位置挖一挖，就能找到宝藏。

要找到宝藏，我们根本不需要知道绞架在哪儿。如果你还不相信这一点，不妨找一张纸，在上面标出两棵树的位置，然后任意挑选一个点作为绞架的位置，再根据藏宝图的指示寻找宝藏。最后你会发现，无论绞架的位置如何变换，宝藏一定埋在虚轴上坐标为 $+i$ 的那个点！

利用 -1 的平方根这个虚数，人们还找到了另一座惊人的宝藏：我们习以为常的三维空间竟能和时间结合起来，形成一个符合四维几何学的统一坐标系。不过这方面的发现，我们可以留到后面讨论阿尔伯特·爱因斯坦和相对论的章节再讲。

第二卷

空间、时间和爱因斯坦

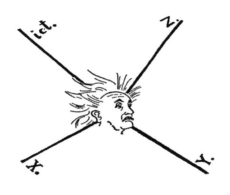

第三章　宇宙的奇异特性

1　维度和坐标

我们都知道空间是什么，但要是有人问你"空间"这个词的确切定义，你却会发现自己陷入了颇为尴尬的境地。我们或许应该说，空间就是我们周围的那个东西，你可以在其中前后、左右、上下移动。三个互相垂直的独立方向的存在代表着我们生活于其中的物理空间最基本的特性，所以我们说，空间是三维的。空间中的任意位置都能用这三个维度来表达。如果我们来到一座陌生的城市，询问酒店前台某家著名公司的位置，那么店员也许会说："往南走五个街区，然后右转经过两个街区，直接上七楼。"这三个数字通常被称为坐标，在我们刚才讲的这个例子里，坐标描述了城市街道、建筑楼层和酒店大堂起点之间的关系。不过显然，要前往一个确定的目的地，无论起点如何变化，只要有一套能够正确描述新起点与目的地之间方位关系的坐标系，我们总能找到正确的方向。与此同时，我们还能通过简单的数学运算，根据新旧坐标系之间的相对位置得出原有目的地的新坐标，这个过程被称为坐标变换。这里或许应该补充一句，这三个坐标不一定是代表距离的数字，事实上，在某些情况下，角坐标比距离坐标更方便。

比如说，纽约城里的地址通常用直角坐标系来描述，横平竖直的"某某街"和"某某大道"将城市划分成了矩形的条块；而在俄罗斯的莫斯科，极坐标系更为常用，这座老城围绕克里姆林宫的中心城堡修建而成，街道呈放射线向外延伸，同时又有几条呈同心圆状的环路，所以要描述某幢房子的位置，人们自然会说，它位于"克里姆林宫城墙北偏西北 20 个街区"。

关于直角坐标系和极坐标系的另一个经典例子是华盛顿特区的海军部大楼和战争部五角大楼，对于二战期间从事战争相关工作的人来说，这两幢建筑想必都相当熟悉。

我们在图 12 中给出了几个例子，你可以从中看到如何用不同的方法来表达空间中某个点的三个坐标，其中有的坐标代表距离，有的坐标代表角度。但无论采用哪种坐标系，我们都需要三个数字才能准确描述方位，因为这里讨论的是三维空间。

对于习惯了三维空间的我们来说，要想象大于三个维度的超空间（不过我们很快就将看到，这样的空间的确存在）无疑是件难事；但反过来说，想象小于三个维度的低维空间就简单多了。平面，球面，或者其他任意什么面，这都是二维空间，因为我们只需要两个数就能表达这个面上任意一点的位置。以此类推，线（无论直线还是曲线）

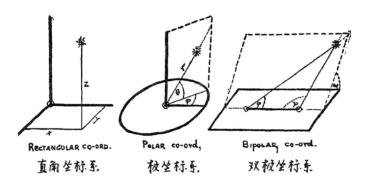

RECTANGULAR CO-ORD. POLAR CO-ord. BIPOLAR CO-ord.

直角坐标系， 极坐标系， 双极坐标系

图 12

是一维空间，在这样的空间中描述位置只需要一个数。我们还可以说，点是零维空间，因为一个点内的任何位置都没有区别。但谁也不会对点有多大的兴趣吧！

作为三维生物，我们很容易理解线和面的几何性质，因为你可以"从外面"观察；不过要理解我们身处其中的三维空间，那就难得多了。所以你可以毫无障碍地理解曲线和曲面，但要说三维空间也可以是弯曲的，你大概就会一脸茫然。

不过只要稍加练习，深入理解"弯曲"这个词的确切意义，你会发现，"弯曲的三维空间"这个概念其实相当简单；到了下一章的末尾，（我们希望！）你甚至可以轻松自如地讨论另一个乍看之下十分可怕的概念：弯曲的四维空间。

不过在此之前，我们不妨做做思维体操，学习一些关

于三维空间、二维面和一维线的特性。

2 不用度量的几何学

你大概还记得课本上的几何学，根据你的记忆，这是一门度量空间的科学，[1]它的主要内容是一大堆定理，分别描述各种各样的距离和角度的数值关系（比如说著名的毕达哥拉斯定理，它描述的就是直角三角形边长的数值关系）；但事实上，要研究空间最基本的特性，很多时候你根本不必测量任何长度和角度。几何学的这个分支被称为位相几何学（analysis situs）或者拓扑学（topology），[2]它是数学中最困难也最刺激的一个部分。

我们不妨举一个简单的例子，看看典型的拓扑问题是什么样子。请设想一个封闭的几何面，比如说一个球，球面上的线条将它分割成了多个区域；要画出这样的图形，我们可以在球面上选择任意多个点，然后用不相交的线将这些点连接起来（见图13）。接下来我们要问，初始点的数量、划分相邻区域的线的数量和区域的数量之间有何关系？

首先我们可以清晰地看到，如果把这个球压扁，比如说变成南瓜的形状，或者拉伸变成黄瓜，球面上点、线和

---

1. 英语中"geometry"这个词来自两个希腊词语，其中"ge"代表大地，或者说地面，"metrein"代表度量。显然，在这个词语诞生的年代，古希腊人对几何学的兴趣主要来自房地产业的需求。

2. 这两个词分别来自拉丁语和希腊语，意思都是"关于位置的研究"。

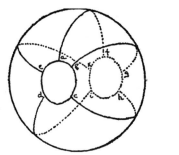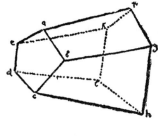

图 13

一个划分成多个区域的球体变成了一个多面体

区域的数量都将保持不变，和原来的完美球面一模一样。事实上，同样的命题适用于任意形状的封闭面，这就像一个气球，无论你怎么挤压、拉伸、扭转，只要别把它切开或者撕碎，它的形状都不会影响我们的推想和问题的答案。拓扑几何的这一特性和以数值关系为主（譬如长度、面积和体积之类的关系）的普通几何学很不一样。事实上，如果我们将立方体拉伸成平行六面体，或者将球体压成煎饼，它的各项数值必然发生巨大的变化。

对于这个划分成若干区域的球，我们可以将它的每个区域分别压平，于是球变成了多面体，不同区域之间的边线也变成了多面体的棱线，初始的那些点现在是多面体的顶点。

于是，我们最初的问题也就顺理成章地变成了本质上完全相同的另一个问题：任意形状的多面体顶点、棱和面的数量之间有何关系？

我们在图 14 中画出了五个正多面体（每个面所拥有的棱和顶点数量完全相同的多面体）和一个随心所欲的不规则多面体。

我们可以数出每个几何体顶点、棱和面的数量，看看这三个数字之间有何关系？

亲手数过之后，我们画出了下面这张表格。

名称	V 顶点数量	E 棱的数量	F 面的数量	V+F	E+2
正四面体 （金字塔）	4	6	4	8	8
正六面体 （立方体）	8	12	6	14	14
正八面体	6	12	8	14	14
正二十面体	12	30	20	32	32
正十二面体	20	30	12	32	32
"畸形体"	21	45	26	47	47

首先，前三列数字（V，E 和 F）之间似乎没有任何关系，但只要稍加研究你就会发现，V 和 F 两列数字之和总是等于 E 加 2。因此，我们可以写出三者之间的数学关系：

V＋F＝E＋2

这个等式是只适用于图 14 中的五种多面体，还是适用于任意多面体？你可以试着画几个不同于图 14 的其他多面体，再数一数它们的顶点、棱和面，然后你会发现，上述等式适用于任何情况。那么显然，V＋F＝E＋2 是拓扑学中的

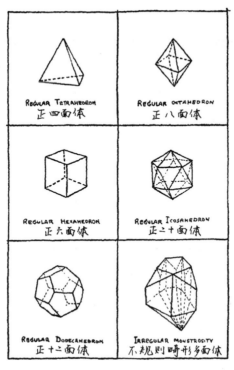

图 14
五个正多面体（唯一可能的五种）和一个不规则畸形多面体

一个通用数学定理，因为这个等式不需要测量棱的长度或者面的大小，它只和几个不同的几何单元（即顶点、棱和面）的数量有关。

我们刚才发现的多面体顶点、棱和面之间的数量关系是由 17 世纪的法国著名数学家勒内·笛卡尔（René Descartes）首先注意到的，后来另一位数学天才莱昂哈德·欧拉严格证明了这个定理，因此它被称为"多面体欧拉定理"。

欧拉定理的完整证明如下，这段内容引自 R. 柯朗和 H. 罗宾的著作《什么是数学？》[1]，我们不妨看看这类证明是怎样完成的：

"要证明欧拉的方程，我们不妨将给定的简单多面体想象成薄橡胶皮蒙成的空心体（图 15a）。现在，我们切掉空心多面体的一个面，将剩余的部分在平面上摊开展平（图 15b）。当然，在这个过程中，多面体的表面积和棱边之间的角度都将发生变化，但摊平后的"多面体"顶点和棱的数量仍将保持不变，只是面的数量会比原来少一个——因为我们切掉了一个面。下面我们将证明，在这个平面上，$V-E+F=1$；那么再算上被切掉的那个面，最终可以得到适用于初始多面体的等式：$V-E+F=2$。

"首先，我们给这幅'平面网格'图中不是三角形的网格加上对角线，将它切割成三角形。每增加一条对角线，E 和 F 的值会各增加 1，但数学式 $V-E+F$ 的结果保持不变。通过这种方式，将图中所有网格切割成三角形（图 15c）。在这幅'三角化'的网格图中，$V-E+F$ 的值始终等于初始值，因为增加对角线不会影响这个数学式的结果。

"某些三角形的边位于整个网格图的边缘，其中部分

1. 本书作者非常感谢柯朗博士、罗宾博士和剑桥大学出版社许可本人引用下列段落。如果本章中的基础例子引发了您对拓扑学的兴趣，不妨读一读《什么是数学？》，这本书里有更详尽的介绍。

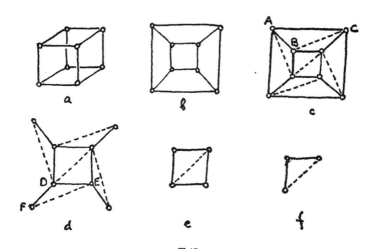

图 15

欧拉定理的证明。图中所示是正六面体，但同样的结果适用于任何形状的多面体

三角形（例如 ABC）只有一条边位于图形边缘，另一些三角形可能有两条边位于图形边缘。对于这些靠边的三角形，我们移除它不与其他三角形共用的部分（图 15d）。比如说，对于三角形 ABC，我们可以移除边 AC 和它的面，最后剩下顶点 A、B、C 和两条边 AB、BC；而对于三角形 DEF，我们可以移除它的面，两条边 DF 和 FE，以及顶点 F。

"移除 ABC 这样的三角形会导致 E 和 F 的值各减 1，因此 V−E+F 的结果保持不变；而要是移除 DEF 这样的三角形，V 的值会减 1，E 的值减 2，F 的值减 1，故 V−E+F 同样不变。按照适当的顺序，我们可以依次移除所有靠边的三角形（在这个过程中，网格图的边缘会不断变化），最终只剩下一个三角形，它拥有三条边、三个顶点和一个面。

在最后这个简单的网格图里，V−E+F=3−3+1=1。而我们此前已经看到，在移除三角形的整个过程中，V−E+F 的值始终保持不变；反推可知，在最初的那幅平面网格图里，V−E+F 的值必然也等于 1，而这幅图又比原始的多面体少了一个面，所以对原始的完整多面体而言，V−E+F=2。欧拉的公式由此得证。"

欧拉的公式还证明了一个有趣的推论：正多面体只可能有五种，也就是图 14 中的那五个。

不过要是仔细审视上述几页的讨论，你也许会发现，在绘制图 14 所示的"所有可能形状的"多面体以及证明欧拉定理的过程中，我们都做出了一个隐藏的假设，这个假设在相当程度上限制了我们的选择。可以说，我们讨论的只是没有通孔的多面体。这里所说的"通孔"不是气球上的洞，而是更类似甜甜圈或者橡胶轮胎中间的那个孔。

看看图 16，你会理解得更加清晰。图中有两个不同的几何体，和图 14 一样，它们都是多面体。

现在我们来看看欧拉定理是否适用于这两个新立方体。

对于左边的图形，我们一共数出来 16 个顶点、32 条边和 16 个面，因此 V+F=32，但 E+2=34。右边的图形有 28 个顶点、60 条边和 30 个面，所以 V+F=58，而 E+2=62。这就更不对了！

为什么会发生这种情况，我们对欧拉定理所做的证明为何不适用于这两个例子？

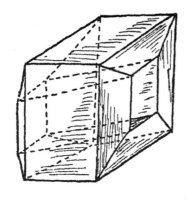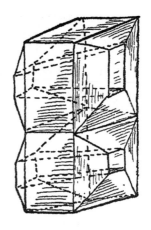

图 16

两个立方体，分别有一个通孔和两个通孔。这两个立方体的面都不是规则的矩形，但如前所述，这在拓扑学中并不重要

当然，问题在于，我们之前考虑的多面体都是类似足球内胆或者气球的形状，但新的中空多面体却更像轮胎，或者其他什么更复杂的橡胶产品。对于这样的多面体，我们无法实施上述证明过程中所必需的一个步骤——还记得在证明开始的时候我们是怎么说的吗？"切掉空心多面体的一个面，将剩余的部分在平面上摊开展平。"

如果给你一个足球内胆，让你用剪刀剪掉它的部分表面，然后将它摊平，这当然毫无难度。但对于橡胶轮胎，无论付出多大的努力你都无法做到同样的事情。要是图 16 还不能说服你的话，你可以自己找一条旧轮胎试试！

但是，我们也不能认为这些复杂多面体的 V、E 和 F 就毫无关系。它们的确有关，只是和欧拉定理的描述不太一样。对于甜甜圈形状的多面体——或者换个更科学的名字，环形多面体——来说，V+F=E；"椒盐卷饼"形的多面体，V+F=E−2。通用公式可表达为：V+F=E+2−2N，其中 N 代表通孔[1]的数量。

另一个典型的拓扑学问题和欧拉定理的关系也很密切，它就是所谓的"四色问题"。假设有一个划分为若干区域的球面，现在我们要给球面上色，使得任意两个相邻区域（即拥有共同边界的区域）的颜色各不相同。要完成这个任务，我们最少需要几种不同的颜色？显而易见，两种颜色肯定不够用，因为在三个区域交于一点的时候（例如图 17 中美国行政区划图上的弗吉尼亚、西弗吉尼亚和马里兰州），我们至少需要给这三个州涂上不同的颜色。

不用费太多工夫，我们还能找到需要四种颜色的场合（图 17，德国占领奥地利时期的瑞士地图）。[2]

但不管你怎么尝试，无论是在球形的地球仪上还是在平面的地图上[3]，都绝对找不到需要四种颜色的场合。看来无论地图有多复杂，四种颜色都足以区分相邻的区域。

呃，如果这种说法是对的，那么我们应该能从数学上

---

1. 数学上称为"亏格"。——译注

2. 德国占领奥地利之前，这里只需要三种颜色：瑞士，绿色；法国和奥地利，红色；德国和意大利，黄色。

3. 讨论上色问题的时候，平面地图和地球仪的效果完全一样，因为只要能基于地球仪得出问题的解，那么我们只需要在上色后的某个区域戳一个小洞，将球面"展开"就能得到平面。这是另一种典型的拓扑变换。

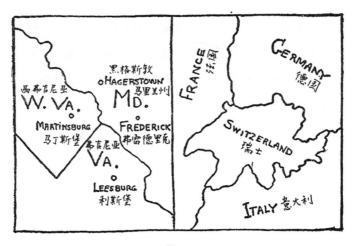

图 17

马里兰州、弗吉尼亚州和西弗吉尼亚州（左）的拓扑地图，瑞士、法国、德国和意大利（右）的拓扑地图

证明它，然而数学家经过了几代的努力，却一直没能成功。这又是一个典型的"实际上没人怀疑，但谁也无法证明"的数学定理。[1] 从数学上说，目前我们只能证明五种颜色肯定够用，证明过程基于欧拉公式的应用，根据国家数量、边界线数量以及多国交界处三重、四重等交点的数量，得出目前的结果。

上色问题具体的证明过程相当复杂，而且离题甚远，在此不加赘述，不过读者可以在各种拓扑学书籍中找到它，借此消磨一个愉快的夜晚（说不定还会熬个通宵）。如果有谁能证明不光五种颜色够用，而且只需要四种颜色就足以

---

1. 四色问题于 1976 年 6 月在计算机上得到证明。——译注

绘出任意地图；或者怀疑四种颜色不够用，进而亲手画出了需要超过四种颜色的地图，这两个方向的尝试只要有一个能获得成功，那么在未来的数百年里，这位智者的大名都将被镌刻在理论数学的编年史上。

不过讽刺的是，尽管上色问题在平面和球面上无法得到证明，但在另一些更复杂的面（例如甜甜圈或者椒盐卷饼）上，我们却能用一种相对简单的方法来证明它。比如说，已经有人成功地证明了在一个甜甜圈状的面上，七种颜色足以绘制出任意相邻区域颜色各不相同的地图，而且他们也找到了实例，某些情况下，我们的确需要七种颜色。

要是哪位读者朋友想再头疼一会儿，那么不妨找个充气轮胎和七种色彩的颜料，试着画一个某种颜色和其他六种颜色相邻的图形。完成这个任务以后，你或许可以说"我对付甜甜圈真的很有一套"。

3 翻转空间

前面我们讨论的拓扑学特性都基于各种面，也就是只有两个维度的亚空间；不过显然，对于所有人生活于其中的三维空间，我们也可以提出类似的问题。如此一来，三维空间中的地图上色问题可以这样表述：我们需要用材质和形状各不相同的原料块搭建一个"空间马赛克"，任意两个材质相同的原料块都不得有共同的接触面，那么我们至少需要多少种材质？

　　讨论上色问题的时候，对应球面或环面的三维空间应该是什么样的呢？我们能不能设想一些特殊的三维空间，它与正常空间的关系正好类似球面或环面与正常平面的关系？乍看之下，这个问题似乎很不合理。事实上，虽然我们能够轻松想出各种形状的面，但与此同时，我们却总觉得三维空间只有一种，即我们生活于其中的熟悉的物理空间。但这样的观念富有欺骗性，非常危险。只要发挥一点儿想象力，其实我们能够想出一些和教科书上介绍的欧氏空间很不一样的三维空间。

　　想象这类空间的困难主要在于，作为三维生物，我们只能"从里面"观察空间，而不能像研究特殊的面那样"从外面"观察。不过借助一些思维体操，我们可以不太困难地征服这些特殊空间。

　　我们先试着构建一个性质类似球面的三维空间模型。当然，球形面的主要特性在于有限无边界，它是一个封闭的面。那么我们能不能想象一个同样自我封闭、体积有限，但没有锐利边界的三维空间？不妨设想两个各自被自身球面所限制的球体，就像被果皮包起来的苹果。

　　接下来，再想象这两个球体"彼此重叠"，共享同一个外表面。当然，这并不是说我们能在现实生活中将两个球体（譬如两个苹果）挤成一个，让它们的表皮紧紧重叠在一起。苹果会被挤碎，但它们永远无法彼此穿透。

或许你更愿意设想一个被虫子蛀过的苹果，果皮内部的蛀洞形成了错综复杂的迷宫。假设虫子有两种，比如说一黑一白，它们痛恨彼此，所以这两种虫子在苹果内部蛀出的洞永远不会相交，哪怕它们在果皮上的起点正好相邻。被这两种虫子蛀过的苹果最后看起来应该和图 18 差不多，它的整个内部空间被两套彼此交缠但互不相干的隧道网络填得满满当当。不过，尽管黑白两色的隧道紧密相依，但若要从其中一个迷宫去往另一个，你必须先回到苹果的表面上。想象一下，如果这些隧道变得越来越细，数量越来越多，苹果的整个内部空间最终将变成两个彼此交缠，但

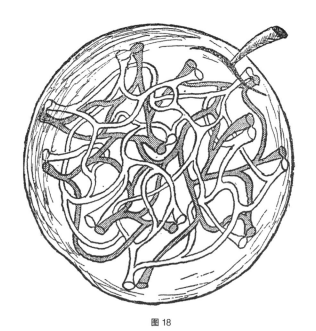

图 18

只通过共同的表面相连的独立空间。

如果不喜欢虫子，你不妨想象另一个类似的模型，比如说，在上次纽约世博会那个大球[1]里面修两套封闭交缠的楼梯和过道。每套楼梯过道分别盘绕在球体的整个空间里，但要从第一个系统内的某个点去往第二个系统内相邻的点，你必须先回到球体表面，也就是两个系统共同的表面上，然后再沿路穿回去。我们说这两个球体彼此交缠但互不相干，你的某位好朋友可能离你很近，但要想和他见面握手，你们只能绕一大圈！必须注意的是，两套楼梯系统的交点实际上和球体内部的其他任意点没什么不同，因为你随时可以改变整个结构的形状，将原来的交点翻到里面去，原本位于球体内部的点也会相应地翻到外面来。这套模型的第二个重点在于，尽管所有通道的总长度是有限的，但系统内没有"死胡同"。你可以沿着这些过道和楼梯一直走下去，绝不会被墙壁或者篱笆挡住；只要你走得够远，最终你一定会发现自己回到了起点。要是从整个结构的外面观察，你会说迷宫里的人之所以总是会回到出发点，是因为那些走廊逐渐盘绕成了球状；但系统里面的人甚至不知道还有"外面"的世界，所以他们会觉得这个空间体积有限，但却没有明确的边界。正如我们将在第十章中看到的，这种没有明显边界但并非无限的"自我封闭三维空间"在我

---

1. 此处指的是 1964 年的纽约世博会，博览会的标志建筑是一个 12 层楼高的不锈钢巨型地球仪，象征"国际普遍参与"。——译注

们讨论宇宙一般特性的时候非常有用。事实上，根据目前最强大的望远镜的观察结果，我们发现，在那些非常遥远的地方，空间似乎开始弯曲，表现出回转封闭的趋势，就像我们刚才举的例子里面那个苹果内部的蛀洞一样。不过在探讨这些激动人心的问题之前，我们必须对宇宙的其他特性稍加了解。

苹果和虫子的故事还没讲完，我们要问的下一个问题是，这个被虫子蛀过的苹果能变成甜甜圈吗？噢，我不是说要让这个苹果吃起来跟甜甜圈一样，而是说它的形状。我们讨论的是几何，而不是厨艺。现在我们手里有一个之前讨论过的"双重苹果"，也就是两个"彼此重叠"，果皮"紧贴在一起"的新鲜苹果。假设有一条虫子在其中一个苹果里蛀出了一条宽阔的环形隧道，如图 19 所示。注意一点，这条隧道只存在于其中一个苹果内部，所以隧道外面的每个点都是一个"双重点"，它同时属于两个苹果，但隧道内只剩下那个没被蛀过的苹果的果肉。现在，我们的"双重苹果"拥有一个由隧道内壁构成的自由面（图 19a）。

现在你能将这个被蛀过的苹果变成甜甜圈吗？当然，我们得假设这个苹果的材质富有弹性，可以任由你搓圆捏扁，绝不会破裂。为了让这个过程变得更容易一点儿，我们或许应该将苹果切开，等到变形完成以后再把它重新粘回去。

首先，我们拆开这个"双重苹果"，让它重新变成各自独立的两个球体（图 19b）。分开之后的两个球体表面分别记作 I 和 I"，以便在操作完成后将它们重新粘好。接下来，沿着隧道的环截面切开被蛀过的那个苹果（图 19c），这一步将产生两个新的切面，分别记作 II、II' 和 III、III'，这样我们才知道稍后应该怎样把它们粘回去。在这个步骤里，隧道的自由面也被暴露出来，它将构成甜甜圈的外表面。接下来，按照图 19d 所示的方式翻转两个被切开的部分，现在自由面被拉伸成了一大块（不过根据我们的假设，苹

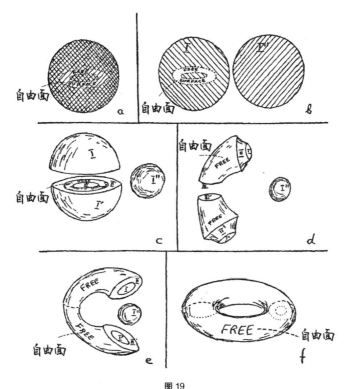

图 19

如何将一个被虫蛀过的双重苹果变成甜甜圈。这不是魔法，而是拓扑学！

果的材质弹性很强！），与此同时，I、II、III 这几个切面都变得很小。处理完了这个被蛀过的苹果以后，我们还得将"双重苹果"的另一半，也就是没被蛀过的那个完整球体压缩到樱桃大小。接下来，我们可以把刚才的切面粘回去了。第一步很简单，将 III 和 III' 粘起来，得到图 19e 所示的形状；第二步，将缩小后的第二个苹果放在刚才粘好的"钳子"两端中间，利用这个球体将钳子重新粘合起来，标记为 I'' 的球面应该正好和标记为 I 和 I' 的面严丝合缝地贴在一起，而 II 和 II' 两个切面也被弥合起来。最后我们得到了一个光滑漂亮的甜甜圈。

我们忙活了这么半天，到底是想干什么呢？

其实我们什么也不想干，只是让你做做思维体操，体会一下以想象为核心的几何学，帮助你理解弯曲空间和自我封闭空间这类奇怪的概念。

如果你还想进一步发挥想象力，我们可以对上述讨论做一些"实际应用"。

虽然你可能从来没想过，但你的身体里也有类似甜甜圈的结构。事实上，任何生命体在发育的极早期（胚胎阶段）都经历过"胚囊"期，这个阶段的胚胎呈球形，一条宽阔的隧道贯穿其中，一头吸纳食物，另一头排出废弃物。生命体发育成熟后，体内的隧道变得比原来窄多了，结构也复杂多了，但它的运作原理始终不变，几何特性也和最初的甜甜圈完全一致。

那么，既然你是一个甜甜圈，不妨试着按照图19所示的方法做一下反向的变换——看看能不能将你的身体（在想象中！）翻转成一个内有蛀洞的双重苹果。你会发现，你的身体中彼此部分交缠的"零件"构成了双重苹果的果肉，而整个宇宙，包括地球、月亮、太阳和星星在内，都被挤到了苹果内部的环形隧道里！

画一张图，看看这一幕会是什么样子。如果你出色地完成了任务，那么就连萨尔瓦多·达利也会尊你为超现实主义绘画大师！（图20）

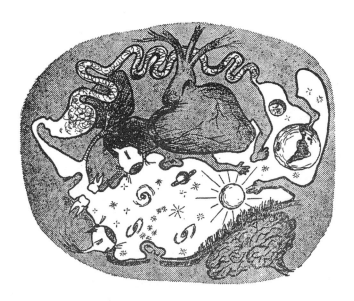

图20

翻转宇宙，这幅超现实画作描绘了一个人在地球表面行走，抬头仰望星星。画面按照图19所示的方法经过了拓扑变换，所以地球、太阳和行星都紧紧挤在人体内部的狭窄隧道里，周围是这个人的内脏

这一章很长，但在结束之前，我们还得讨论一下左手性和右手性物体，以及它们与空间普遍特性的关系。要介绍这个问题，最方便的办法或许是找一双手套。比较左右两只手套（图21），你会发现它们的所有测量数据完全一样，但却绝不相同，因为你的左手肯定戴不上右手的手套，反之亦然。无论你怎么翻转扭曲，右手套永远只能戴在右手，左手套也只能戴在左手。除了手套以外，你还能在其他很多地方看到左手性和右手性物体的差别，例如鞋子、汽车的舵向（美国是左舵，英国是右舵）和高尔夫球棒。

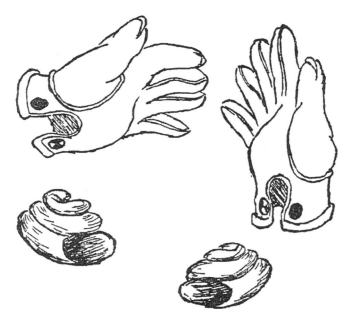

图21
左手性物体和右手性物体相似但不同

从另一方面来说，很多物品没有手性的区别，例如男人的帽子和网球拍；谁也不会犯傻向商店订购一打左撇子专用茶杯，如果有人要你跟邻居借一把左手专用的活动扳手，那他肯定是在开玩笑。有手性的物体和无手性的物体到底有什么不一样？想一想你就会发现，帽子和茶杯之类的物品都能沿着一个对称平面切成两个完全一样的部分，但手套和鞋却没有这样的对称平面，你就算想尽办法也不能将一只手套切成完全相同的两半。没有对称平面的物品可以归为两类——左手性的和右手性的。这样的差别不光出现在手套和高尔夫球棒之类的人造物体上，它在自然界内也广泛存在。比如说，有两种蜗牛，它们的其他特性完全一致，只有"盖房子"的方式不一样：其中一种蜗牛壳上的螺纹是顺时针的，另一种则是逆时针的。就连构成所有物质的基本微粒（即所谓的"分子"）也常常有左旋和右旋两种不同的形式，就像左右手的手套或者顺时针和逆时针的蜗牛壳一样。当然，你看不见分子，但它的不对称性会通过晶体的形状和物质的光学特性反映出来。比如说，糖就有左旋和右旋两种，不管你信不信，以糖为食的细菌也分为两种，每种细菌都只能吃对应手性的糖。

如上所述，通过手套的例子我们可以看到，右手性物体似乎不可能转换成左手性的。但事实果真如此吗？或许我们能想出某种极为特殊的奇妙空间，在其中完成这样的转换？要回答这个问题，我们不妨从平面上的二维居民入手，作为三维空间的生物，我们可以从外部的"超维度"上观察他们。图 22 描绘了平面世界的两位居民，他们的空间只有两个维度。画面上手握一串葡萄的男人可以称为"正面人"，因为他只有正面，没有侧面；但那头驴子却只有侧面，所以我们称之为"侧面驴"，或者更确切地说，"右视侧面驴"。当然，我们同样可以画一头"左视侧面驴"，因为这两头驴子都被局限在平面上，所以从二维的视角上看，它们是不同的，正如在我们的日常空间中，左手和右手的手套不一样。如果在平面上将"左驴"和"右驴"叠到一起，那么它们不可能完全重合；要让二者的鼻子和尾巴两

图 22

生活在平面上的二维"影子生物"。这些二维生物的生活似乎不怎么舒服，平面上的人有正面无侧面，而且他永远没法将手里的葡萄送进自己的嘴巴。那头驴子倒是能吃到葡萄，但它只能往右走，要想往左走的话，它只能倒退。虽然驴子倒着走不是什么稀罕事，但毕竟不太方便

两对应地重合起来,你只能掀翻其中一头驴,让它四脚朝天,那它自然没法稳稳当当地站在地面上。

但是,如果你让一头驴离开平面,在空间中将它翻转180度,然后让它重新回到平面上,那么它会变得和另一头驴完全一样。以此类推,我们可以说,如果让右手套离开三维空间,在第四个维度中以某种合适的方式将它翻转,再让它重新回到我们的空间里,那么它也可以变成左手套。但我们的物理空间没有第四个维度,所以上述方法不具有可操作性。还有什么别的法子吗?

呃,我们不妨再次回到二维世界,但这次我们要讨论的不是图22所示的普通平面,而是所谓的"莫比乌斯面"。这种面的名字来自一百多年前首次研究它的一位德国数学家。制作莫比乌斯面非常简单:取一根长纸条,将它盘成一个环;再将纸条一端扭转180度,最后把两端粘起来。看看图23,你就知道该怎么做了。莫比乌斯面有许多奇异的特性,其中一点很容易发现:取一把剪刀,沿着平行于莫比乌斯面边缘的方向完整地剪一圈(如图23箭头所示)。当然,按照你的预想,最终我们应该得到两个独立的环。但真正去做以后,你却会发现自己想错了:我们剪出来的不是两个环,而是一个大环,它的长度是原来那个环的两倍,但宽度只有原来的1/2!

现在我们来看看,影子驴在莫比乌斯面上行走时会发生什么。假设这头驴子从位置1(图23左上)出发,此时它是一头"左侧驴";驴子走啊走,经过位置 2 和位置 3,最后回到起点,我们在图上可以清晰地看到这个过程。但让你(和驴子自己)大吃一惊的是,走到位置 4 的时候,这头驴子发现自己陷入了窘境,它不知为何变得四脚朝天了!当然,它可以翻个面,让自己重新站稳,但要是这样的话,它就变成了一头右侧驴。

简而言之,我们的"左侧"驴在莫比乌斯面上走一圈以后就变成了"右侧"驴。而且别忘了,在这个过程中,驴子始终停留在同一个面上,没有离开莫比乌斯面在空间中完成翻转。因此我们发现,在一个扭曲的面上,右手性物体只需通过扭曲处就能转换成左手性物体,反之亦然。图 23 所示的莫比乌斯环实际代表着另一个更具普遍性的面

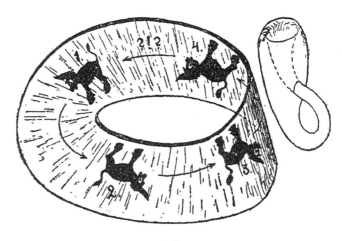

图 23
莫比乌斯面和克莱因瓶

的一部分，即克莱因瓶（图 23 右），这个自我封闭的瓶子只有一面，而且没有锐利的边界。既然在二维面上可以实现不同手性物体的转换，那么在我们的三维空间里一定也能做到，只要以某种适当的方式扭曲空间。当然，想象莫比乌斯式的扭曲空间并不容易。我们不能像观察"影子驴"一样从外面观察三维空间，身在此山中的人自然难以看清事件的全貌。但天文空间完全有可能是自我封闭的，也可能存在莫比乌斯式的扭曲。

如果真是这样的话，环游宇宙的旅行者回来时会变成左撇子，心脏也跑到了胸腔右边。手套和鞋子的生产商也能得到一点儿好处：现在他们只需要制造一种手性的产品，然后将其中一半送上飞船绕宇宙飞一圈，等到这批货回到地球的时候，它们就能套进另一边的脚了。

遐想到这里，我们关于特殊空间奇异特性的讨论也就结束了。

第四章　四维世界

1　时间是第四个维度

第四维的概念常常蒙着一层惹人疑惑的神秘色彩。作为被长度、高度和宽度所限的生物，我们哪儿来的胆量高谈阔论四维空间？穷尽我们三维头脑的所有智慧，是否有可能想象出四维超空间的模样？四维的立方体或者球体看起来会是什么样子？如果要你想象一头尾巴长满鳞片、鼻孔喷出火焰的巨龙，或者一架内设游泳池、机翼上有网球场的奢华飞机，你会在脑海中绘出一幅画面，试图描摹这件物体突然出现在你眼前的时候会是什么模样。而这幅画的背景自然是正常的三维空间，你熟悉的所有物体，包括你自己在内，都存在于这样的空间里。如果这就是"想象"的确切含义，那么我们似乎不太可能想象出以正常三维空间为背景的四维物体，正如三维物体不可能挤进平面。但是，等一下。从某种意义上说，我们的确能将三维物体压进平面，只要画一幅画就行。不过在这种情况下，我们借助的当然不是液压机床或者其他什么物理力量，而是一种名为几何"投影"的绘画技巧。要将某件物体（比如说一

076

匹马）压进平面，看看图 24，你立即就会明白这两种方式有何区别。

以此类推，现在我们可以说，如果非要将四维物体"挤入"三维空间，那它难免会有些零件左右支棱，但我们的确可以讨论各种四维图形在我们这个三维空间中的投影。不过你必须记住，既然三维物体在二维面上的投影只有两个维度，那么四维超物体在普通三维空间内的投影也必然是三维的。

为了更清楚地理解这一点，首先我们不妨试想一下，生活在二维面上的影子生物该如何理解三维立方体的概念；我们能够轻而易举地想象这一幕，是因为我们生活在"更

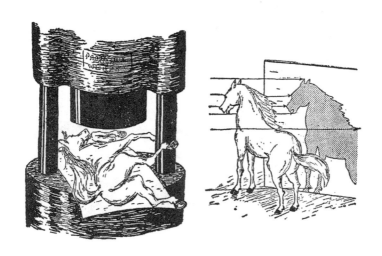

图 24
将三维物体"压在"二维面上的两种方法，左边的方法是错的，右边的法子才对

高级"的三维空间里，所以我们才能从上方，也就是从第三个方向，观察这个二维世界。要将一个立方体"压进"二维面，唯一的办法就是按照图 25 所示的方法将它"投射"到这个面上。如果我们的二维朋友看到这个投影，以及旋转立方体得到的其他方向的投影，那么他们至少会对这个名为"三维立方体"的神秘物体产生一些粗浅的理解。他们当然无法"跳出"自己所在的二维面，像我们一样亲眼

图 25
二维生物惊讶地望着三维立方体投射在他们生活的二维面上的影子

观察这个立方体的模样，但通过二维投影，他们至少会发现，这个立方体拥有 8 个顶点和 12 条边。现在看看图 26，你会发现自己的处境和那些在二维面上研究普通立方体的可怜的影子生物完全一样。画面上这惊奇的一家子正在研究的那个复杂的奇怪结构实际上是四维超立方体在普通三维空间内的投影。[1]

　　仔细研究这个图形，你很容易发现超立方体的一些特性，和图 25 中那些困惑的影子生物观察到的差不多：三维立方体在平面上的投影表现为两个嵌套正方形，它们的顶点两两相连；而超立方体在三维空间内的投影由两个嵌套立方体组成，顶点同样两两相连。数一数你就知道，这个超立方体一共有 16 个顶点、32 条边和 24 个面。看起来真

图 26
来自第四维的客人！四维超立方体的直接投影

1. 更确切地说，你在图 26 中看到的是四维超立方体在三维空间内的投影在纸面上留下的投影。

够怪的，对吧？

现在，我们再来看看四维球体是什么样的。要完成这个目标，我们最好换个更熟悉的例子，即普通球体在二维面上的投影。假设有一个透明的地球仪，上面标出了所有的大洲和大洋，现在我们将它投影到一面白墙上（图27）。当然，在这幅投影图中，前后两个半球必然重叠，要是只看投影，你没准会觉得美国纽约和中国北京隔得很近。但这是一个错误的印象。事实上，投影上的每一个点都代表着实际球体上两个相对的点，如果有一架航班从纽约飞往中国，那么你将看到，飞机先是一路朝着平面投影的边缘移动，然后再原路返回。两个不同航班在投影图上的航迹可能重叠，但只要这两架飞机"实际"上位于两个不同的半球，那它们绝不会迎面撞上。

以上就是普通球体二维投影的特性。再发挥一点儿想象力，我们应该不难揣想四维超球体在三维空间内的投影会是什么样的。三维球体在二维面上的投影是两个点对点重叠的圆盘，它们只通过共同的边缘相连；那么超球体的三维投影必然是两个重叠的球体，只通过共同的表面相连。这个奇特的结构我们在上一章中已经讨论过了，当时我们举这个例子是为了说明类似封闭球面的封闭三维空间。所以现在我们只需要补充一句：四维球体的三维投影就是上一章中那个连体婴儿般的"双重苹果"，它由两个果皮完全重叠的苹果组成。

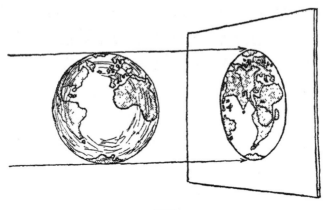

图 27
地球的平面投影

以此类推，我们还可以回答关于四维物体特性的很多问题。只是无论怎么尝试，我们可能都无法"想象"，我们这个物理空间中还有第四个独立的维度。

但只要再想想，你会发现第四维其实并不神秘。事实上，有一个词我们大部分人每天都会用到，它可以被视为，或者说实际上就是物理世界中的第四个维度，这个词就是"时间"。在我们描述周围发生的事件时，时间常常是一个和空间并列的度量。当我们谈到宇宙中发生了什么，无论是你在街上意外邂逅了一位老朋友，还是一颗遥远的恒星发生了爆炸，一般情况下，我们不光会提到事件发生的位置，还会陈述它发生的时间。通过这种方式，我们为三维空间中的事件引入了第四个维度：日期。

进一步思考这个问题，你也很容易发现，每个物理物体都有四个维度，其中三个是空间维度，还有一个是时间维度。你住的房子在长度、宽度、高度和时间这四个维度上延展，它在时间维度上的跨度始于建成之日，终于毁灭那一天——无论是烧毁、拆毁还是因年久失修而倒塌。

确切地说，时间这个维度和空间的三个维度不太一样。时间的跨度（间隔）由钟表来度量，秒针嘀嗒嘀嗒，整点叮咚报时；而测量空间距离的工具是尺子。你可以用同一把尺子测量长度、宽度和高度，但却不能把它变成钟来测量时间。除此以外，你可以在空间中向前、向右或者向上移动，然后再返回原地，但时间一路向前，从不回头，你只能被动地从过去来到现在，再去往未来。尽管时间的维度和空间的三维有这么多的不同之处，但我们依然可以将时间当成第四个维度，用它来描述这个世界上的物理事件，只是不要忘了，时间和空间的确不太一样。

选定了时间作为第四个维度以后，我们会发现，想象本章开头提及的四维图形变得简单多了。比如说，你还记得那个四维立方体的奇怪投影吧？它有 16 个顶点、32 条边和 24 个面！面对这样的几何怪胎，难怪图 26 里的人都一脸惊讶。

但是，现在我们换个角度来看，四维立方体实际上是一个存在于特定时间段内的普通立方体。假设你在 5 月 7日用 12 根线搭了一个立方体，一个月后再把它拆了，那么现在，立方体的每个顶点都可被视作时间维度上跨度为一个月的一条线。你可以在立方体的每个顶点上贴一本小小的日历，然后每天翻一页，借此表示时间的流逝（图28）。

现在我们可以轻松数出这个四维图形有几条边了。事实上，这个立方体从诞生之初起就拥有空间中的12条边，然后在时间维度上它还拥有8个顶点拉出的8条边，最后，在被拆毁的那一天，它在空间中还有12条边。[1]一共32条边。以此类推，我们也可以数出16个顶点：5月7日有8个空间顶点，6月7日也有8个空间顶点，总计16个顶点。

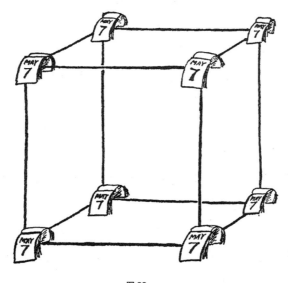

图28

---

1. 如果你还是无法理解，不妨想象一个拥有4个顶点和4条边的正方形，如果我们在垂直于这个正方形的方向（第三个维度）上将它移动一段等于其边长的距离，它就会变成一个立方体。

至于这个四维立方体的面应该怎么数，这个问题就留给各位读者自己练习吧。不过请记住，四维立方体的面有一部分是普通三维空间中的面，还有一部分则是"半空间半时间"的，它们的边就是从5月7日延展到6月7日的那几条时间维度上的线。

我们在此介绍的四维立方体的所有特性当然同样适用于其他任何几何图形或物体，无论是死的还是活的。

确切地说，你可以把自己想象成一个四维物体，类似在时间维度中延展的一根长橡胶棒，它始于你的诞生之日，终于生命结束的时候。可惜的是，我们在纸上画不出这样的四维图形，所以在图29中，我们试着用二维的影子人代替三维的你，再将垂直于二维平面的时间作为第三个维度，力求帮助你理解这个概念。图中画出的只是这位影子人生命中的一小段时间，要想画出他的一生，那得换一根长得多的橡胶棒。起初这根棒子很细，因为影子人还小，漫长的几十年里，棒子不断扭动，直到影子人死亡那天才会凝固下来（因为死人不会动），然后开始崩解。

更准确地说，这根四维橡胶棒实际上分为无数根彼此独立的纤维，每根纤维内部又有许多互不相干的原子。在你的一生中，大部分纤维会始终聚合在一起形成一束，只有一小部分会中途散逸，比如说在你剪头发或者剪指甲的时候。既然原子不会毁灭，那么我们就可以认为，人死后尸体腐烂的过程其实就是所有独立纤维（可能除了构成骨

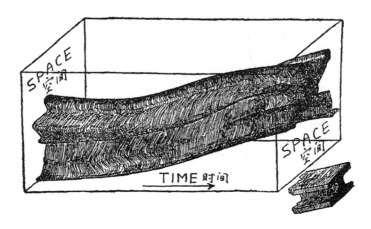

图29

骼的那些纤维以外）分道扬镳，四下弥散。

用四维时空几何学的术语来说，代表每个独立的物质粒子的生命史的线被称为"世界线"。同样地，组成复合物体的一束世界线被称为"世界带"。

在图30中，我们给出了一个代表太阳、地球和彗星世界线的天文学案例。[1]和前面那个影子人的例子一样，我们取了一个二维空间（地球的公转轨道平面），使时间轴垂直于它。在这幅图中，太阳的世界线是一条平行于时间轴的直线，因为我们认为太阳的位置始终保持不变。[2]地球的

---

1. 确切地说，图30中的线应该是"世界带"，不过从天文学的角度来看，恒星和行星都可被视作一个点。

2. 实际上，我们的太阳相对于其他恒星运动，所以若是以恒星系统为参照系，太阳的世界线应该有些倾斜。

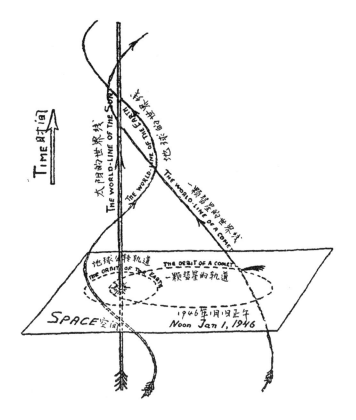

图 30

公转轨道近乎圆形，所以它的世界线围绕太阳线螺旋上升，而彗星的世界线逐渐接近太阳，然后再次远去。

从四维时空几何学的角度来看，宇宙的拓扑图形和历史融合成了一幅和谐的画卷，要研究独立的原子、动物或恒星的运动，我们只需要思考纠缠成束的世界线。

2　时空等价

如果将时间视为和空间的三个维度大致等价的第四个维度，我们势必面临一个相当困难的问题。测量长度、宽度和高度的时候，我们可以采用同样的单位，譬如说 1 英寸，或者 1 英尺。但时间间隔无法用英尺或英寸来衡量，我们必须采用另一套完全不同的单位，例如分钟或小时。那么这两套单位该如何放到一起比较呢？若要想象一个边长为 1 英尺的四维立方体，它在时间维度上的跨度应该是多少，才能使得四维等长？1 秒、1 小时还是 1 个月？1 小时应该比 1 英尺长还是短？

乍看之下，这个问题似乎毫无意义，但要是深入思考一下，你会发现，或许我们可以找到一种合理的方式，将长度和时间跨度放到一起来比较。你常常会听到这样的说法，某人住的地方"离市中心 20 分钟车程"，或者某个地方"坐火车只要 5 个小时"就能到。这里我们用搭乘特定交通工具跨越某段距离所需的时间来衡量长度。

因此，如果能找到一种公认的标准速度，我们就能用长度单位来描述时间跨度，反之亦然。当然，作为空间和时间的基本换算因子，我们选定的标准速度必须是一个基本的通用常数，不受人类主观因素或物理环境的影响。在物理学领域里，只有一种速度具备这样的通用特性，那就是真空光速。虽然人们常常叫它"光速"，但更科学的描述应该是"物理相互作用的传播速度"。因为在真空中，物体之间的任何一种力（无论是电磁力还是引力）都以同样的速度传播。此外，正如我们即将看到的，光速代表着宇宙中的速度上限，任何物体在空间中的运动速度都不可能超过光速。

最早尝试测量光速的先驱是 17 世纪的著名意大利科学家伽利略·伽利莱（Galileo Galilei）。一个漆黑的夜晚，伽利略带着助手来到佛罗伦萨附近的旷野里，他们两个人分别提着一个带有机械遮光板的灯笼，站在相距几英里的两个点上。在某个约定的时刻，伽利略打开遮光板，灯笼的光立即射向助手的方向（图 31A），助手看到伽利略发出的灯光信号就会立即打开自己这边的遮光板。光从伽利略的位置传播到助手的位置，然后再传回来，这个过程需要一定的时间，所以按照他们的预想，从伽利略打开遮光板到他看到对面的灯光之间应该会有一个延迟。他们的确观察到了短暂的延迟，但是当伽利略吩咐助手去往另一个两倍距离的位置，然后重复实验的时候，他们却没发现延迟的时间有所延长。显然，光传播的速度太快，跨越几英里需要的时间极短，他们观察到的延迟实际上是因为助手并未在看到灯光的同时立即打开遮光板——如今我们称之为反应延迟。

虽然伽利略的实验并未得到任何有意义的成果，但他的另一个发现却为人类真正首次测量光速奠定了基

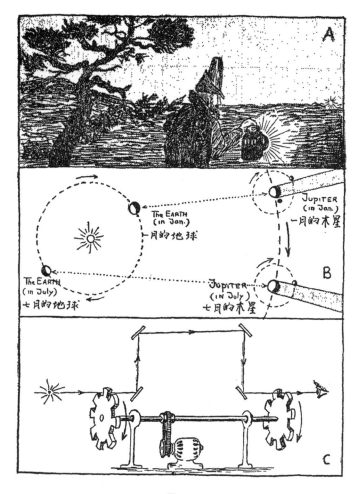

图31

础——他发现了木星的卫星。1675 年,丹麦天文学家罗默
(Roemer)在观察木星卫星月食时发现,从卫星被木星的
影子掩盖到它们重新出现,这中间的时间间隔并不是恒定

的，有时候会长一点儿，有时候又会短一点儿，具体取决于当时木星和地球之间的距离。罗默立即意识到（正如你将在图 31B 中看到的一样），之所以会出现这种现象，并不是木星卫星的运行有什么异常，而只是因为木星和地球之间不同的距离带来了不同的延迟时间。通过他的观察，我们发现，光传播的速度大约是每秒 185,000 英里。难怪伽利略的实验怎么都测不出光速，因为灯笼发出的光只需要几十万分之一秒的时间就能在他和助手之间跑一个来回！

虽然伽利略的遮光灯笼过于粗糙，无法测量光速，但后来的科学家用更精密的物理仪器完成了这个任务。图 31C 向我们展示了法国物理学家斐索（Fizeau）首次采用的短距离测量光速的实验设备。这套装置的核心是安装在同一根轴上的两个钝齿轮，如果站在平行于轴的方向上观察，你会看到第一个齿轮的齿遮住了第二个齿轮的齿缝，所以无论你怎么摆弄这根轴，沿轴向传播的一小束光也无法穿透两层齿轮的阻隔。假设这套两个齿轮组成的系统正在飞速旋转，从第一个齿轮的齿缝中漏过来的光需要一定的时间才能到达第二个齿轮，如果在这段时间内，整套系统转动的距离等于齿距的一半，那么这束光就能透过第二个齿轮的齿缝传出去。这就像汽车在一条装有同步红绿灯系统的大道上行驶，只要速度合适，它一路遇到的都是绿灯。如果齿轮的转速增加一倍，那么当光线到达第二个齿轮时，轮齿会正好将它挡住。不过只要齿轮的转速继续增加，光线又会再次透过第二个齿轮，因为刚才挡光的轮齿已经离开了光传播的路径，这束光落到了下一个齿缝中。因此，我们只需要观察光线从出现到消失（或者反之）所对应的转速，就能估算光在两个齿轮间传播的速度。为了减少实验难度、降低齿轮转速，我们可以在两个齿轮之间增加几面镜子（如图31C所示），让光多传播一段距离。通过这个实验，斐索发现，当齿轮转速达到每秒1000转时，他首次观察到了透过齿缝的光。这意味着在光从第一个齿轮传到第二个齿轮的这段时间里，每个轮齿移动的距离等于齿距的1/2。每个齿轮各有50个完全相同的轮齿，因此这段距离等于齿轮周长的1/100，齿轮移动这段距离所需的时间等于其自转周期的1/100。有了这个数据，再加上光在两个齿轮之间传播的总距离，斐索最终计算得出，光的传播速度是每秒300,000千米，或186,000英里，这个数值和罗默观察木星卫星得出的结果差不多。

继这几位先驱之后，人们又做了很多天文学和物理实验来测量光速。目前真空光速（通常用字母"c"来指代）最准确的估算值是：

c=299,776千米/秒或186,300英里/秒。[1]

光的速度极快，所以很适合用来度量天文距离；天文

---

1. 截至2018年，我们采用的光速精确值为299792458米/秒，但为了表述方便，本书所做计算仍采用本书作者那个时代的光速值，因此，相关的计算结果只是一个粗略值，仅供理解概念。——译注

尺度的距离常常大得离谱，若用英里或者千米来表示的话，恐怕得写满好几页纸。因此，天文学家会说，某颗恒星和地球之间的距离是 5 "光年"，就像我们常说某个地点坐火车 5 小时能到。由于 1 年约有 31,558,000 秒，所以 1 光年等于 31558000×299776=9460000000000 千米，或者 5,879,000,000,000 英里。通过"光年"这个术语，我们将时间化作了一个实用的维度，时间单位也因此成为一个可用于度量空间的单位。反过来说，我们也可以创造另一个术语"光英里"，用它来描述光行经 1 英里的距离所需的时间。利用上面介绍的光速值，我们可以算出 1 光英里等于 0.0000054 秒。以此类推，1 "光英尺"等于 0.0000000011 秒。上一节中我们讨论的四维立方体的问题也由此得到了解答。如果这个正立方体在空间中的边长是 1 英尺，那么它在时间维度上的跨度必然只有 0.000000001 秒。要是这个立方体存在的时间跨度足足有一个月，那么它看起来应该更像四维空间中的一根长棍，因为它在时间维度上的跨度比另外三个维度大得多。

3 四维距离

解决了空间轴和时间轴单位转换的问题以后，现在我们可以问问自己，应该如何理解四维时空世界中两点之间的距离。千万别忘了，在这种情况下，我们讨论的每一个点都是"一个事件"，这个术语定义了它在空间和时间中的位置。为了澄清这个问题，我们不妨以下面两个事件为例：

事件 I。1945 年 7 月 28 日上午 9：21，一家位于纽约市第五大道和 50 街交口一楼的银行遭到了抢劫。[1]

事件 II。同一天上午 9：36，一架军机在大雾中撞上了纽约市第五大道和第六大道之间 34 街帝国大厦的 79 楼（图 32）。

图32

---

1. 如果这个街角真有一家银行，那就太巧了。

这两个事件在空间上相隔南北方向 16 个街区、东西方向半个街区、垂直方向 78 层楼，在时间上相隔 15 分钟。显然，要描述这两个事件在空间维度上的距离，我们不必挨个列出街区和楼层的数量，因为根据著名的毕达哥拉斯定理，空间中两点的距离等于二者在三个维度上的距离的平方和的平方根（图 32 右下角）。当然，要利用这一定理进行计算，首先我们得把这个方程中涉及的所有距离换算成统一的单位，例如英尺。假设一个街区南北方向的长度是 200 英尺、东西向宽 800 英尺，帝国大厦每层楼的平均高度是 12 英尺，那么这两个事件南北相距 3200 英尺、东西相距 400 英尺、垂直高度相距 936 英尺。利用毕达哥拉斯定理，现在我们可以直接算出这两个地点之间的距离：

$$\sqrt{3200^2+400^2+936^2} \approx \sqrt{11280000} \approx 3360 \text{ 英尺}$$

如果将时间作为第四个维度的概念的确有其实际意义，现在我们应该能将 3360 英尺这个空间距离和 15 分钟的时间间隔结合起来，用一个数来描述这两个事件的四维距离。

根据爱因斯坦最初的设想，我们只需推广一下毕达哥拉斯定理，就能算出四维距离；要研究事件之间的物理关系，四维距离是一个比独立的空间间隔和时间间隔更基本的值。

当然，要将空间和时间的数值结合起来，首先我们必须统一这二者的单位，就像刚才我们将街区和楼层统一换算成英尺一样。在上一节中我们已经看到，只需要采用光速这个转换因子，我们很快就能算出，15 分钟的时间间隔等于 800,000,000,000 "光英尺"。再简单地推广一下毕达哥拉斯定理，现在我们可以将两个事件的四维距离定义为二者在四个维度（三个空间维度和一个时间维度）上的距离的平方和的平方根。不过这样一来，空间和时间之间的差异就被彻底抹除了，这也意味着我们承认了空间可以转化为时间，反之亦然。

但是，包括伟大的爱因斯坦在内，谁也不能用一块布盖住尺子，挥挥手念几句"空间去、时间来、张量改、变变变"之类的咒语，然后拿出一个崭新的闹钟（图33）！

图33
爱因斯坦教授不会变魔术，但他所做的比魔术强得多

因此，如果我们打算保留时间和空间的自然差异，那就必须对毕达哥拉斯方程做出一些不那么方便的修正。

根据爱因斯坦的想法，应用毕达哥拉斯定理的时候，我们可以在时间坐标的平方前面加一个负号，以此来表征空间距离和时间间隔之间的物理区别。这样一来，我们或许可以将两个事件之间的四维距离定义为三个空间距离的平方和减去时间间隔的平方，然后再开方。当然，开始计算之前，我们得把时间间隔换算成空间单位。

因此，银行劫案与飞机坠毁这两个事件之间的四维距离计算式如下：

$$\sqrt{3200^2+400^2+936^2-800000000000^2}$$

比起前面三个数字，第四个代表时间的数字实在太大了，这是因为我们采用的例子来自"日常生活"；从日常生活的角度来看，合理的时间单位小得离谱。要想得到一组相对比较平衡的坐标，或许我们的目光不该局限在纽约市，而应投向更广阔的宇宙。因此，我们不妨将第一个事件定义为 1946 年 7 月 1 日上午 9 点整发生在比基尼环礁的原子弹爆炸，第二个事件则是同一天上午 9 点 1 分，一颗陨石坠落在火星表面。这样一来，两个事件之间的时间间隔变成了 540,000,000,000 光英尺，空间距离则是 650,000,000,000 英尺。

在这个例子里，两个事件之间的四维距离应该是：

$$\sqrt{(65\times10^{10})^2-(54\times10^{10})^2}=36\times10^{10}$$ 英尺，这个数值和单

纯的空间距离和时间间隔都不太一样。

当然，区别对待某个坐标和其他三个坐标，这样的几何学看起来的确有些怪异，难免有人会提出反对。但我们不要忘了，描述物理世界的数学系统必须客观反映现实情况，既然在时空的四维联合体中，空间和时间的确有所差别，我们的四维几何学就必须体现这一点。此外，我们还可以用一个简单的数学方法给爱因斯坦的时空几何学"治治病"，让它变得跟学校里教的老好欧氏几何一样美好。这种疗法是由德国数学家闵可夫斯基（Minkovskij）提出的。他认为，我们可以将第四个坐标定义为一个纯虚数。或许你还记得我们在第二章中说过，实数乘以 $\sqrt{-1}$ 就会变成虚数，虚数可以帮助我们方便地解决很多几何问题。呃，按照闵可夫斯基的方法，第四个坐标不光必须转换成空间单位，还得乘一个 $\sqrt{-1}$。这样一来，纽约市那个例子里的四个坐标就变成了这样：

第一个维度上的距离：3200 英尺

第二个维度上的距离：400 英尺

第三个维度上的距离：936 英尺

第四个维度上的距离：$8 \times 10^{11} \times i$ 光英尺

现在我们或许可以将四维距离定义为所有四个维度距离的平方和的平方根。事实上，既然虚数的平方永远是负数，那么从数学上说，闵可夫斯基坐标系下正常的毕达哥拉斯方程与爱因斯坦坐标系下看似奇怪的毕达哥拉斯方程完全等效。

有这么一个故事，一位患有关节炎的老人请教一位健康的朋友，问他怎么预防这种小毛病。

"我这辈子每天早上都会洗个冷水澡。"朋友这样回答。

"噢！"老人喊道，"那你等于是把关节炎换成了冷水澡。"

呃，如果你真的很不喜欢得了关节炎的毕达哥拉斯定理，那么你可以把它换成虚数时间坐标的冷水澡。

既然时空世界里的第四个坐标是虚数，那么必然出现物理性质上有所区别的两种四维距离。

事实上，在前面讨论的纽约市那个例子里，两个事件之间的三维距离数值远小于时间距离的数值（统一单位以后），所以毕达哥拉斯方程中根号下面的数字必然为负，最后我们算出的广义四维距离是一个虚数；但在另一些情况下，时间距离小于空间距离，根号下的数字为正，算出的四维距离自然是实数。

因此，基于上述讨论，既然我们认为空间距离永远是实数，而时间距离永远是纯虚数，那么或许可以说，实数的四维距离与普通空间距离的关系更为密切，而虚数四维距离与时间间隔的联系更紧密。用闵可夫斯基的术语来说，第一种四维距离叫作"类空距离"（spatial），第二种则是"类时距离"（temporal）。

在下一章中我们将看到，类空距离可以转化为普通的空间距离，而类时距离可以转化为普通的时间间隔。但是，这两种距离一个是实数，一个是虚数，二者之间有一道不可逾越的藩篱，所以它们无法互相转化，正是出于这个原因，我们不能将尺子变成时钟，反过来也不行。

第五章　空间和时间的相对性

1　时空互变

　　虽然在数学上将空间和时间统一在一个四维世界内的努力并未完全消弭空间距离与时间间隔的差异，但通过这样的尝试，我们的确发现空间和时间这两个概念具有高度的相似性，与爱因斯坦之前的时代相比，物理学由此迈出了一大步。事实上，现在我们必须将不同事件的空间距离和时间间隔视为这些事件的四维距离在空间轴和时间轴上的投影，所以只需要旋转这个四维坐标轴，或许我们就能将空间距离部分转化为时间间隔，反之亦然。但要旋转四维时空坐标轴，我们具体应该怎么做呢？

　　首先我们设想一个如图 34a 所示的拥有两个空间坐标的坐标系，假设这个坐标系内有两个点，它们之间的距离是 L。将这段距离投影到两条坐标轴上，我们发现这两个点在第一条轴上相距 a 英尺，在第二个方向上相距 b 英尺。如果将整个坐标轴转动一个特定的角度（图 34b），同一段距离在两条新坐标轴上的投影也会发生变化，我们将这两个值分别标记为 a' 和 b'。不过根据毕达哥拉斯定理，这两

100

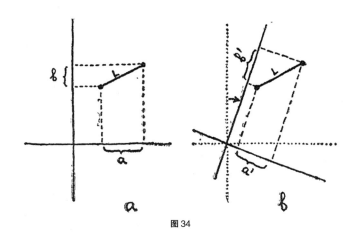

图 34

个投影的平方和的平方根应该始终保持不变，因为它们的值都同样等于两点之间的实际距离 L，而 L 不会因为坐标轴的旋转而改变。因此，

$$\sqrt{a^2+b^2}=\sqrt{a'^2+b'^2}=L。$$

从中我们发现，如果选取不同的坐标系，L 在两条坐标轴上的投影的值必然发生变化，但它们的平方和的平方根始终保持不变。

现在我们不妨设想，这个坐标系中的两条轴分别代表空间距离和时间间隔。在这种情况下，前面那个例子里的两个固定点变成了两个固定的事件，坐标轴上的投影分别代表两个事件的空间距离和时间间隔。假设这两个事件就是上一章中我们讨论过的银行劫案和飞机坠毁，那么我们可以画出一幅新的坐标图（图 35a），它看起来和刚才的空间坐标系（图 34a）十分相似。现在，要旋转这个新的坐

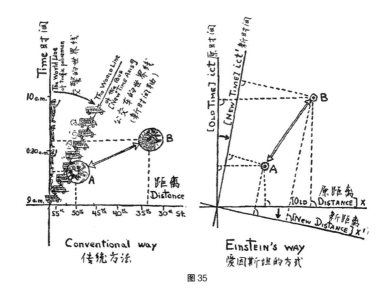

图 35

标系，我们应该怎么做呢？这个问题的答案相当出人意表，甚至有些令人费解：要想旋转时空坐标系，你得跳上一辆公交车。

呃，假设我们真的坐在一辆公交车的第二层车厢里，7月28日那个不幸的清晨，这辆车正沿着第五大道行驶。从自利的角度来说，现在我们最感兴趣的问题应该是，银行劫案和飞机坠毁这两个事件离我们坐的这辆车到底有多远？因为它们和公交车之间的距离决定了我们能不能亲眼目击这两件事。

你可以看看图 35a，银行劫案、飞机坠毁和公交车的世界线都标记在这个坐标系里。你会立即发现，公交车上的乘客观察到的距离和其他人（例如站在街角执勤的交警）记录下来的不太一样。因为公交车正沿着第五大道行驶，我们不妨假设它每 3 分钟驶过一个街区（按照纽约的拥挤程度，这样的速度不算离谱！），那么乘客观察到的两个事件之间的空间距离比交警观察到的更短。事实上，在劫案发生的上午 9 点 21 分，这辆车正好驶过 52 街，距离劫案现场 2 个街区；到了飞机坠毁的 9 点 36 分，公交车已经开到了 47 街，与坠毁现场相距 14 个街区。因此，相对于公交车来说，我们可以认为银行劫案与飞机坠毁相距 14-2=12 个街区，但若是以整个城市的建筑为参照系，两个事件的空间距离应该是 50-34=16 个街区。再看看图 35a，我们会发现，公交车乘客记录距离的参照点离开坐标竖轴（静止的警察的世界线）上的投影，落在了代表公交车世界线的那根斜线上，所以后者实际上成了新的时间轴。

刚才我们讨论的"一大堆琐事"或许可以总结成一句话：如果以行驶的车辆作为参照点来绘制事件的时空坐标示意图，我们必须将时间轴旋转一定的角度（具体取决于车辆的速度），但空间轴始终保持不变。

从经典物理学和所谓"常识"的角度来看，这句话一点儿都没错，但它却和四维时空世界的新观念格格不入。事实上，如果将时间视为独立的第四个坐标，那么时间轴应该始终垂直于其他三条空间轴，无论你是坐在公交车上、有轨电车上，还是坐在人行道上！

现在我们走到了一个分岔的路口，两条路里面只能挑一条来走。我们要么保留传统的时空观，不再奢求将空间和时间合为一体的几何学；要么打破原有"常识"，认定在新的时空坐标图里，空间轴必须和时间轴一起旋转，从而使二者始终保持垂直（图35b）。

但是，旋转时间轴有实际的物理意义，即以运动的车辆为参照点，两个事件的空间距离会发生变化（在刚才那个例子里，这个值从16个街区变成了12个街区）；那么以此类推，旋转空间轴应该意味着，以运动的车辆为参照点，两个事件的时间间隔与静止参照点上观察到的不一样。这样一来，按照市政厅那座大钟的记录，银行劫案和飞机坠毁相距15分钟；但若是以公交车乘客佩戴的手表为准，这两个事件的时间间隔绝不会是15分钟——并不是因为机械缺陷导致手表不准，而是因为在运动的车辆内部，时间流逝的速度会发生变化，记录时间的机械装置也会相应地变慢，只是公交车行驶的速度很慢，这样的延迟微乎其微，几乎无法觉察（我们将在本章中深入讨论这一现象）。

再举个例子，我们不妨设想一个人坐在行驶的火车餐车里吃饭。从餐车服务生的角度来看，从开胃菜到甜品，这个人在用餐过程中始终坐在同一个位置（靠窗的第三张桌子）；但要是窗外的铁路旁有两名始终站在原地的扳道工——其中一名正好看到这位乘客吃开胃菜，而另一名正好看到他在吃甜品——那么从他们的角度来看，这两个事件发生的地点相距好几英里。所以我们或许可以说：某位观察者看到两个事件在不同的时刻发生在同一个地点，但另一位处于不同状态（或者不同运动状态）下的观察者可能认为这两个事件发生的地点并不相同。

从时空等价的角度来说，我们可以将上面这句话里的"时刻"和"地点"互换，得到一个新的说法：某位观察者看到两个事件在不同的地点同时发生，但另一位处于不同运动状态下的观察者可能认为这两个事件发生的时间并不相同。

将这个说法套用到餐车的例子里，我们就会看到，尽管服务生赌咒发誓说餐桌上相对而坐的两位乘客同时点燃了饭后的那支香烟，但站在铁路旁透过车窗向内张望的扳道工却坚决表示，其中一位先生点烟的时间就是比另一位早。

因此，某位观察者认为两个事件同时发生，但另一位观察者可能认为二者之间有一定的时间间隔。

四维几何学认为空间和时间只是恒定不变的四维距离在对应轴上的投影，因此我们必然得出上述结论。

2 以太风和天狼星之旅

现在我们不妨问问自己，如果只是为了满足运用四维几何学语言的愿望，就不惜彻底颠覆我们习以为常的经典时空观，这样做真的对吗？

如果答案是肯定的，那我们挑战的是整个经典物理学，因为这门学科的基础是伟大的艾萨克·牛顿于两个半世纪前提出的空间和时间的定义：“从本质上说，绝对的空间与外部的任何事物无关，它始终静止不变。”“从本质上说，绝对的、真实的数学时间始终均匀流逝，与外部任何事物无关。”写下这两句话的时候，牛顿理所当然地认为这是亘古不变、毋庸置疑的真理，更不可能有什么争议；所有人都知道，时间和空间就是这个样子，他只是用自己的语言做出了确切的描述。事实上，那个时代的人们对经典的时空观深信不疑，哲学家甚至常常将它当作先验的真理，没有任何一位科学家（更别提门外汉）想到过，这套理念可能是错的，因此需要再次验证，修正描述。那么现在，我们为什么要重新考虑这个问题呢？

我们之所以抛弃经典的时空观，将时间和空间统一在一个四维的坐标系下，既不是为了满足爱因斯坦的审美需求，也不是为了展示他不甘寂寞的数学才能，而是因为科学家在实际的研究中不断发现的一些事实无论如何都不能用“空间和时间彼此孤立”的经典理论来解释。

经典物理学就像一座坚不可摧、亘古长存的美丽城堡，它受到的第一次冲击来自 1887 年美国物理学家 A.A. 迈克耳孙（A.A.Michelson）做的一个实验。这个实验看起来毫不起眼，但它却从根本上动摇了经典物理学的基石，就像约书亚吹起号角，耶利哥的城墙便应声倒塌。[1] 迈克耳孙的

---

1. 这个故事来自《圣经》，约书亚带领祭司和人民包围耶利哥城，当他吹起号角，人们应声呼喊，坚固的城墙就倒塌了。——译注

实验构想十分简单，它基于当时人们公认的理念：光是某种形式的波，它在所谓的"光介质以太"中传播。以太是一种假想的物质，它均匀地充斥着所有空间，从广袤的太空到任何物质材料内部的原子之间的间隙，以太无所不在。

往池塘里扔一块石头，涟漪会向着四面八方扩散。任何明亮物体发出的光都会产生类似的涟漪，就像振动的音叉一样。然而水面上的涟漪显然来自水分子的运动，声波依赖空气或其他介质的振动传播，但我们却找不到传递光波的介质。事实上，光在空间中传播的时候显得那么轻松（相对于声波来说），就好像空间中真的没有任何东西！

但是，既然没有能够振动的介质，光波的振动又该如何传播呢？为了解决这个悖论，物理学家不得不引入了一个新的概念，"光介质以太"。这样一来，在解释光如何传播的时候，"振动"这个词的前面才能有一个实体的主语。从纯语法角度来说，任何动词都得有个主语，因此我们必须承认"光介质以太"的存在。但是——这个"但是"带来的麻烦可不小——虽然这个实体的主语是为了构建完整的句子而引入的，语法规则却无法（也不能）规范它的物理性质！

如果我们说，光在以太中传播，因此"以太"的定义就是承载光波的介质，这句话倒是无懈可击，但却毫无意义，翻来覆去说的都是同一个意思。不过，要真正弄清楚以太到底是什么，它的物理性质是什么样的，这就完全是另一个问题了。要解决这个难题，语法（哪怕是希腊语法！）帮不了我们，我们只能从物理学中寻找答案。

正如我们将在下面的讨论中看到的，19世纪的物理学犯下的最大的错误就是假设以太的性质类似我们熟悉的普通物质。那时候人们常常提到以太的流动性、刚性和各种弹性，甚至包括它的内部摩擦力。这样一来，他们就发现了很多奇怪的现象。比如说，以太在传播光波的时候表现得像是某种振动的固体，[1]但从另一方面来说，它又拥有完美的流动性，天体可以毫无阻滞地穿行其间，因此人们常常将以太比作封口蜡。事实上，封口蜡（和其他类似材料）坚硬易碎，对机械力的冲击十分敏感；但若是静置足够长的时间，它又会在自身重力的影响下像蜂蜜一样流动。经典物理学认为，充斥星际空间的以太就像封口蜡一样，对于光的传播这种高速的扰动，它的表现类似坚硬的固体；但面对运动速度只有光速几千分之一的行星和恒星等天体，以太又会变成优秀的"液体"，任由它们自如地穿行。

除了名字以外，我们对以太一无所知，只能假设它的性质类似普通物质；我们可以说，试图套用固有的经验去描述以太，这样的做法从一开始就错得离谱。对于这种传播光的神秘介质，尽管人们做出了许多努力，却仍然无法

---

1. 当时的人们已经发现，光波振动的方向垂直于光的传播方向。对普通物质而言，只有固体内部才会发生这样的横向振动，而在液体和气体介质中，振动的粒子只能顺着波传播的方向移动。

合理地解释它的力学性质。

根据现有知识，我们很容易就会发现，这些努力从一开始就走错了方向。事实上，我们知道，普通物质的所有力学性质最终都能追溯到构建物质的原子的相互作用。比如说，水具有极强的流动性，原因在于水分子之间的摩擦力极小，所以它们可以相对于彼此自由地滑动；橡胶弹性良好，因为橡胶分子容易产生形变；而钻石之所以那么坚硬，是因为构成钻石晶体的碳原子被紧紧地束缚在刚性的晶格中。因此，各种物质的一般力学特性都反映了它们自身的原子结构，但面对以太这样绝对连续的物质，这条规律就完全失效了。

以太是一种特殊的实体，迥异于我们熟悉的由原子构成的物质。我们说以太是一种"实体"（哪怕仅仅是为了给"振动"找个主语），但实际上我们在内心里却认为它是一种"空间"，之前我们已经看到（之后也将继续看到），一些特定的形态学或者结构学特征可能让空间变得不太符合欧氏几何的描述。事实上，现代物理学认为，"以太"（剔除所谓的力学性质以后）和"物理空间"这两个词说的其实是一回事。

关于"以太"的语义学或者哲学含义，我们已经说得太多了，现在还是回过头来说迈克耳孙的实验。如前所述，这个实验的构想相当简单。如果光是一种在以太中传播的波，那么地球在太空中的运动必然影响地球表面的设备测出的光速。地球绕太阳公转，那么站在地球上的我们势必经历"以太风"的吹拂，就像站在快速运动的船只甲板上，你一定会感受到扑面而来的狂风，尽管此时的天气可能相当温和。当然，我们感觉不到"以太风"，因为人们认为以太能够轻而易举地穿过组成身体的原子缝隙；但通过测量与地球前进方向成一定角度的多个方向的光速，我们应该能探测到它的存在。大家都知道，声音在顺风方向上的传播速度大于逆风，那么光相对于以太风的传播速度自然也应该遵循同样的规则。

有鉴于此，迈克耳孙教授设计了一套设备来测量光在不同方向上的传播速度。当然，要完成这个任务，最简单的办法是采用我们前面介绍过的斐索的实验装置（图 31c），你可以调整它的方向，记下每一组的数据。但这种办法实际操作起来却不太容易，因为它对精度的要求太高了。的确，因为我们预想的速度差（等于地球的运动速度）大约只有光速的万分之一，所以我们必须保证每一次测量的精度。

如果你有两根长度差不多的棍子，要想测量二者长度的准确差值，你会发现最简单的办法是将两根棍子的一端对齐，然后测量另一端的差值，这种方法叫作"零点法"。

迈克耳孙的实验装置如图 36 所示，它在比较垂直方向光速差值时使用的正是零点法。

这套装置的核心部件是镀了一层金属银的半透明玻璃盘，它能够反射大约一半的入射光，剩下的一半光则会穿

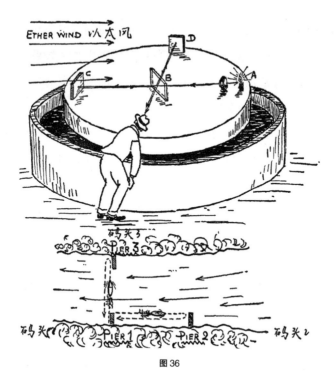

图36

过盘子（半透半反镜）。这样一来，来自光源 A 的一束光就
被分成了彼此垂直的两束；这两束光又分别照在与中央镜
面 B 距离相等的两面镜子 C 和 D 上，然后反射回 B 镜。来
自 D 镜的一部分光将穿透镀银层，与来自 C 镜的另一部分
反射光重新汇成一束。因此，被 B 镜分成两束的光在进入
观察者的眼睛时又重新合成了一束。根据一条著名的光学
原理，这两束光会发生干涉，形成肉眼可见的黑白条纹[1]。如

---

1. 亦见 pp.145~147。

果 BD 和 BC 两段距离相等，那么两束光将同时回到 B 镜的位置，最终形成的干涉条纹亮斑位于图形中央；如果二者的距离稍有差别，那么其中一束光回来的时间也会略晚一点，干涉条纹也将偏向左边或者右边。

由于这套装置放置在地球表面上，而地球在空间中高速运动，所以我们必须考虑到，以太风将以等同于地球运动速度的风速吹拂实验设备。比如说，假设以太风从 C 点吹向 B 点（如图 36 所示），那么我们不妨自问，它将如何影响两束赶往汇聚点的光的传播速度？

请记住，两束光中有一束先是逆风传播，然后顺风回来，而另一束光往返方向都垂直于以太风，它们俩谁先到达终点？

你可以想象一条河流，一艘摩托艇先是逆流而上，从码头 1 前往码头 2，然后顺流而下，返回码头 1。航程的前半段，奔流的河水会拖慢小艇的速度，不过到了航程的后半段，河水又变成了助力。你或许认为，这两种效应会互相抵消，但事实并非如此。为了理解这一点，我们暂且假设船的行驶速度等于河水流速。在这种情况下，从码头 1 出发的船永远都到不了码头 2！不难看出，河水的流动必然导致航行时间变长，新的航行时间等于船在静水中航行所需的时间乘以一个影响因子，该因子计算式如下：

$$\frac{1}{1-\left(\frac{V}{v}\right)^2}$$

其中 v 代表船速，V 代表河水流速。[1] 举个例子，假设船速是河水流速的 10 倍，那么新的往返时间需要乘的因子计算如下：

$$\frac{1}{1-(\frac{1}{10})^2} = \frac{1}{1-0.01} = \frac{1}{0.99} = 1.01倍$$

也就是说，在这种情况下，摩托艇在两个码头间往返一趟所需时间比在静水中多百分之一。

以此类推，我们也可以算出小艇横渡往返耽搁的时间。想从码头 1 横渡河流前往码头 3，摩托艇的行驶方向必须倾斜一点儿，才能补偿河水流动造成的漂移，多花的时间就来自这里。在这种情况下，耽搁的时间比刚才略少一点儿，计算因子如下：

$$\sqrt{\frac{1}{1-(\frac{V}{v})^2}}$$

也就是说，如果船速同样是河水流速的 10 倍，那么横渡的摩托艇只需要多花大约千分之五的时间。这个公式的证明过程十分简单，所以我们留给好奇的读者自己去做。以太风就像奔涌的河流，光波是穿梭其中的小艇，两头的镜子则是河边的码头，现在我们可以重新审视迈克耳孙的实验了。光束从 B 镜前往 C 镜，然后返回 B 镜，延迟因子

---

1. 事实上，如果将两个码头之间的距离记作 l，顺流船速等于 v+V，逆流船速等于 v-V，我们可以算出往返航程花费的总时间：

$$t = \frac{l}{v+V} + \frac{l}{v-V} = \frac{2vl}{(v+V)(v-V)} = \frac{2vl}{v^2-V^2} = \frac{2l}{v} \cdot \frac{1}{1-\frac{V^2}{v^2}}$$

计算如下：

$$\frac{1}{1-(\frac{V}{c})^2}$$

其中 c 代表光在以太中传播的速度。从 B 镜前往 D 镜再返回的那束光延迟因子计算如下：

$$\sqrt{\frac{1}{1-(\frac{V}{c})^2}}$$

由于以太风的速度等于地球运动速度，即每秒 30 千米，而光速等于每秒 3×10^5 千米，所以这两束光应该分别延迟万分之一和十万分之五的时间。有了迈克耳孙的装置，我们应该很容易观察到这两束光（分别平行和垂直于以太风的方向）的速度差。

你应该可以想象，当迈克耳孙发现他无论怎么做实验都看不到光斑有丝毫偏移的时候，他是多么震惊。

显然，以太风完全没有影响光的传播速度，无论它是平行还是垂直于光的传播方向。

这个事实如此震撼人心，起初就连迈克耳孙本人也不敢相信；但经过审慎的反复验证，他不得不承认，这个惊人的发现是真的。

要解释这个出乎意料的结果，唯一的可能似乎只有一个大胆的假设：承载迈克耳孙实验装置的那张大石头桌子沿着地球在太空中运动的方向缩短了一点（即所谓的菲茨 - 杰拉

德[1] 收缩)。事实上，如果 BC 之间的距离缩短的因子等于

$$\sqrt{1-\frac{v^2}{c^2}}$$

同时 BD 间的距离保持不变，那么两束光将延迟同样多的时间，因此光斑不会发生偏移。

不过要理解现在观察到的现象，应该有一个比"桌子收缩了"更简单的解释。的确，我们知道，物质在阻力较大的介质中行进时会产生一定的收缩。比如说，湖面上行驶的摩托艇会同时受到马达推力与湖水阻力的挤压，但这种机械收缩的程度取决于制造船体的材料的强度。受力相同的情况下，铁船产生的形变肯定小于木船。但无论迈克耳孙将实验装置放在哪里，都无法得到预想的结果，所以在这个实验中，物质的收缩似乎只跟运动速度有关，和材料强度毫无关系。不管安放实验装置的桌子是石头的，还是铸铁、木头或者其他任何材料，它们的收缩程度似乎始终如一。所以我们清晰地看到，这是一种普遍效应，它会导致所有运动物体以完全相同的程度收缩。或者换个说法，1904 年，爱因斯坦教授曾这样描述我们刚才讨论的现象：这样的收缩来自空间本身，以相同速度运动的任何物体都会产生同样程度的收缩，这仅仅是因为它们都嵌在同一个收缩了的空间里。

---

1. 这个名字是为了纪念首次提出这个概念的物理学家，他认为这种收缩是运动造成的纯机械效应。

前两章我们已经介绍了空间的很多特性，所以现在提出这样的说法也相当合理。为了加强理解，我们暂且将空间想象成一团弹性良好的果冻，不同物体的边界都嵌在里面。一旦空间因为挤压、拉伸或者扭转而变形，那么嵌在里面的所有物体的形状也会自动地发生相应的变化。空间变形引起物体变形和其他外力导致物体内部产生应力而变形，这是两种完全不同的情况，我们必须严格地将二者区分开来。图37所示的二维图像或许可以帮助你理解这个重要的区别。

不过，虽然空间收缩效应是理解物理学基本原理的关键所在，但我们在日常生活中却很少注意到这种现象，因为相对于光速而言，我们日常能接触的最快的速度也完全不值一提。比如说，以50英里的时速飞驰的汽车收缩因子等于 $\sqrt{(1-10^{-7})^2}=0.99999999999999$，也就是说，一辆汽车从前保险杠到后保险杠收缩的长度仅仅相当于一个原子

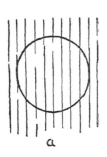 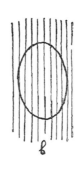 

图37

核的直径！时速超过 600 英里的喷气机收缩的长度只相当于一个原子的直径，时速超过 25,000 英里的 100 米长的太空火箭也只会收缩百分之一毫米。

不过，如果物体的运动速度相当于光速的 50%、90% 乃至 99%，那么它的长度将分别缩小到静止时的 86%、45% 和 14%。

一位无名作者写了一首打油诗来描述所有高速运动物体的这种相对收缩效应：

"有个小伙菲斯克，

出手一剑迅如电，

菲茨-杰拉德收缩，

长剑变成短圆盘。"

不过这位菲斯克先生出剑的速度真的得像闪电一样快才行！

从四维几何学的角度来看，我们观察到的所有运动物体普遍的收缩现象可以简单地解释为，时空坐标轴的旋转导致这些物体不变的四维长度在空间轴上的投影发生了变化。事实上，你肯定记得我们在上一节讨论过，以运动系统为参照系做出的观察只能适配时空轴旋转后的新坐标，具体的旋转角度取决于系统的运动速度。这样一来，如果以静止系统为参照系，我们观察到某段特定的四维距离在空间轴上的投影是百分之百（图 38a），那么它在新的空间轴上的投影（图 38b）必然小于这个值。

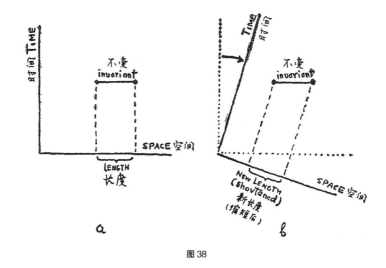

图 38

请记住，这样的收缩完全取决于两个系统的相对运动，这一点非常重要。如果某个物体在第二个坐标系内保持静止，这意味着四维几何空间内代表它的那根线平行于新的空间坐标轴，因此它在旧坐标系内的空间投影反而要缩短一个相应的因子。

因此，我们不必（从物理学的角度来说也没有意义）非得分清两个系统中哪个在"真正"运动。唯一重要的是它们相对于彼此的运动。因此，如果未来某家"行星际交通运输有限公司"的两艘高速运动的火箭飞船在地球和土星之间的太空中相遇，两艘船上的乘客都会透过舷窗看到对面那艘飞船产生了不小的收缩，但他们却不会觉得自己坐的飞船变短了。我们完全没必要争论"真正"变短的到

118

底是哪艘飞船，因为从对面乘客的角度来看，两艘船都变短了，但本船乘客却完全没有这样的感觉。[1]

四维的思考方式还让我们得以理解，为什么物体运动速度必须接近光速我们才能观察到相对明显的收缩。事实上，时空坐标轴旋转的角度取决于运动系统行经距离与花费时间的比值。如果我们以英尺和秒为单位来描述这个比值，那么它和我们平时讨论的速度（英尺／秒）没什么两样。但是，由于四维时间内的时间间隔表示为普通的时间间隔乘以光速，要算出那个决定坐标轴旋转角度的比值，以"英尺／秒"为单位的速度还得相应地除以一个光速。这样一来，坐标系的旋转角度，以及由此造成的对空间距离的影响，都只有在两个系统的相对速度接近光速时才会变得明显起来。

时空轴的旋转影响的不仅是物体在空间轴上的投影，基于同样的逻辑，物体在时间轴上的投影也会受到影响。不过我们可以证明，由于第四个坐标的虚数特性，[2]空间距离缩短的同时，时间间隔则会膨胀。如果你在高速运动的汽车上放一个钟，那么它会比地面上同样的钟走得慢一些，也就是说，连续的两声"嘀嗒"之间的时间间隔被拉长了。

---

1. 当然，这样的画面只存在于理论上。而在现实中，如果两艘火箭飞船真的以我们现在假设的这么快的速度擦肩而过，船上的乘客根本看不到另一艘飞船——就像步枪子弹的运动速度还不到这个值的零头，你也看不见它在空中飞行。

2. 如果你乐意的话，也可以换个说法：由于四维空间中的毕达哥拉斯方程相对于时间产生了扭曲。

和长度缩短一样，运动系统内的钟变慢也是一个普遍效应，变慢的程度只和运动速度有关。无论是现代的腕表还是爷爷家带钟摆的老式钟，或者装着流沙的沙漏，只要运动速度相同，它们变慢的程度就完全一样。当然，这样的效应不仅限于我们称之为"钟"或者"表"的机械装置；事实上，所有的物理过程、化学过程和生物学过程都会以同样的程度放慢。所以就算在高速运动的火箭飞船里，你也不必担心鸡蛋会因为表变慢而煮老，因为鸡蛋内部的反应过程也会相应地变慢，所以只要你的表走过了五分钟时间，锅里煮出来的就是你平时习惯的"五分钟白煮蛋"。这里我们举的例子是火箭飞船而非行驶的火车餐车，因为和长度缩短时的情况一样，时间的膨胀也只有在接近光速的高速运动下才比较明显。和空间收缩一样，时间膨胀因子的计算式也同样是

$$\sqrt{1 - \frac{v^2}{c^2}}$$

只不过现在它不是乘数因子，而是一个除数因子；如果某个物体运动速度极快，导致它的长度缩短了一半，那么它的时间就会膨胀到原来的两倍。

运动系统内时间变慢的效应将为星际旅行带来一个有趣的应用。假设你决定造访天狼星的某颗卫星，它距离太阳系 9 光年，那么你大概用得着光速火箭飞船。你肯定觉得，往返一趟至少需要 18 年，那么你需要准备一大堆食

物。但是，如果你的飞船能以亚光速飞行，那么你可能完全不必操这个心。事实上，假如飞船的速度能达到光速的99.99999999%，那么你的手表、你的心脏、你的肺、你的消化系统以及你的心理活动都将放慢到现在的 1/70000，虽然对地球上的人来说，从地球到天狼星的往返航程的确需要花费 18 年时间，但是从你自己的角度来说，你会觉得只过了几个小时。事实上，如果从地球出发的时候你刚刚吃过早饭，那么等到飞船在天狼星的某颗行星上着陆，你大概刚觉得有些饿，想吃午饭。如果你很着急，吃完午饭立即启程回家，那么回到地球的时候你很可能还赶得上晚饭。不过，要是你忘记了相对论的规则，那么回家之后你肯定会大吃一惊，因为你的朋友和亲戚都以为你早就迷失在了星际空间里，所以你不在家的这些年里，他们已经吃了 6570 顿晚饭！这是因为你的飞行速度接近光速，18 个地球年对你来说只是一天。

不过，要是你的运动速度比光还快，那会怎样？这个问题的答案有一部分藏在另一首以相对论为主题的打油诗里：

"有个少女名叫布莱特，

她能跑得比光快得多，

某天她以爱因斯坦的方式出门去，

回来的时候是昨晚。"

确切地说，如果接近光速会使运动系统内的时间变慢，那么超光速会导致时间倒流！此外，由于毕达哥拉斯根式下代数符号的变化，时间坐标将变成实数，从而转化为空间距离；基于同样的道理，超光速系统内的所有长度也将越过零点变成虚数，变成时间间隔。

如果这样的事情真的有可能发生，那么图33所示的爱因斯坦将尺子变成闹钟的魔术也将成为现实，只要他能想出法子超越光速！

不过，尽管物理世界很疯狂，但还没有那么疯狂，这样的黑魔法显然不可能存在，原因可以简单地归结为一句话：任何物体的运动速度都不可能达到或者超过光速。

这条基本公理的物理基础来自一个事实，无数实验直接证明了这一点：随着物体的运动速度趋近光速，它的惯性质量（这个值度量的是阻碍物体进一步加速的机械力）会趋近于无穷大。因此，如果一颗手枪子弹的速度达到了光速的99.99999999%，那么阻碍它进一步加速的力量（即子弹的惯性质量）相当于一颗直径12英寸的炮弹；要是它的速度达到光速的99.99999999999999%，那么这颗小子弹受到的内部阻力就等于一辆重载卡车。无论我们付出多大的努力试图推动这颗子弹，都永远无法征服最后的一位小数，使它的速度达到宇宙中所有运动的上限！

3 弯曲的空间和引力之谜

我得向可怜的读者道个歉，前面二十页介绍四维坐标系的内容肯定读得大家苦不堪言，现在我们不妨去弯曲的空间里散散步。大家都知道曲线和曲面，但"弯曲的空间"又是什么意思？想象弯曲空间之所以这么困难，倒不是因为这个概念有多么出奇，而是因为一个简单的事实：我们可以从外面观察曲线和曲面，但只能从里面观察三维空间的弯曲，因为我们自己身处其中。为了理解三维的人类如何设想自己生活于其中的空间的弯曲，首先我们还是想想生活在二维面上的影子生物。在图 39a 和 39b 中，我们可以看到，平坦和弯曲（球状）的"面世界"里的影子科学家正在研究他们所在的二维空间的几何学。当然，三角形是可供研究的最简单的几何图形，它由三条直线连接三个几何点构成。你们大概还记得高中几何课上讲过，平面上任何一个三角形的三个内角之和总是等于 180°。不过我们也很容易看到，这条定理并不适用于球面上的三角形。事实上，球面上由两条从极点出发的地理经线和一条地理纬线组成的三角形，它的两个底角都是直角，而顶角可能是 0° 到 360° 之间的任何数字。比如图 39b 中那两位影子科学家研究的三角形，它的三个内角之和等于 210°。所以我们可以看到，通过测量自己所在的二维世界里的几何图形，这些影子科学家不必从外面观察也能发现他们的世界是弯曲的。

将这种观察世界的方法移植到多一个维度的世界里，我们自然可以得出结论：生活在三维空间中的人类科学家不必跳出这个世界进入第四个维度，也能通过测量空间中连接三个点的直线之间的角度，确认我们的空间是否弯曲。如果三个角之和等于180°，那么空间是平坦的，否则它必然弯曲。

不过，在深入讨论这个问题之前，我们必须进一步明确直线的定义。看到图39a和39b中的两个三角形，读者大概会说，平面上那个三角形（图39a）的边才是直线，球面上那个三角形（图39b）的边明明是曲线，它其实是从围绕球面的大圆[1]上截下来的一段弧线。

这种说法基于我们自己的几何学常识，但却违背了影子科学家基于他们所在的二维空间发展出来的几何学。我们需要赋予直线一个更普遍的数学定义，使之不仅适用于欧氏几何空间，也同样可以推广到二维面和其他性质更复杂的空间中。为了完成这个任务，我们可以将"直线"定义为代表两点之间最短距离的线，这条线必须契合它所在的面或者空间。当然，按照上述定义，平面几何中的直线就是我们通常说的直线，而在更复杂的曲面上，两点间符合定义的"直线"可能有很多条，它们在自己所在的面上扮演的角色和欧氏几何中的"直线"完全相同。为了避免误解，我们常常将曲面上代表最短距离的线称为"测地线"（geodesical lines）或"大地线"（geodesics），因为这个概念最初是由测地学引入的，这是一门测量地球表面的科

---

1. 大圆是指通过球心的平面在球面上截出的圆。经线和纬线都是这样的大圆。

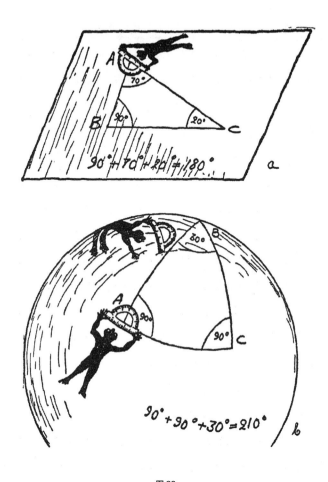

图 39
平坦和弯曲"面世界"里的二维科学家正在研究三角形内角和的欧几里得定理

学。事实上，说到纽约和旧金山之间的直线距离，我们指的是沿着地球表面"两点间最直接的路径"，而不是臆想一台巨大的钻机直接从地里打洞得到的直线。

根据以上描述,"广义直线"或"测地线"的定义是两点间的最短距离;要做出这样的线条,有一个简单的物理方法:你可以在这两点之间拉一条绳子。如果是在平面上,你就将得到一条普通的直线;要是换到球面上,你会发现绳子沿着大圆的弧线绷直了,这就是球面上的测地线。

　　有一种简单的方法可以帮助我们弄清我们生活于其中的三维空间到底是平坦的还是弯曲的。你只需要在空间中的三点之间拉几条绳子,由此得到一个三角形,然后看看它的内角和是否等于180°。不过,规划实验的时候,我们必须记住两件重要的事情。首先,这个实验必须具有相当的尺度,若是尺度太小,弯曲的面或空间也可能看起来是平坦的,比如说,如果你在后院里画个三角形然后测量它的内角和,那你肯定不会发现地球表面是弯曲的!其次,二维面或三维空间可能部分平坦、部分弯曲,所以要得出准确的结论,我们可能需要测量多个不同的区域。

　　爱因斯坦提出的弯曲空间广义理论中包含了一个假设:大质量物体附近的物理空间会变得弯曲;质量越大,空间曲率也越大。为了验证这一假说,我们或许可以在一座大山周围打三个桩子,然后拉几根绳子(图40A),测量这些绳子在三个交点处形成的角度。但是,尽管你尽可能地挑了一座最大的山——哪怕是喜马拉雅山——你也会发现,考虑了测量误差的影响以后,这三个角的和不多不少,正好是180°。然而这样的结果并不意味着爱因斯坦就一定错

图 40A

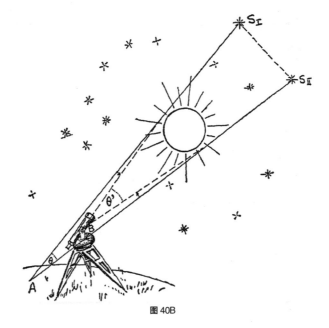

图 40B

了，巨大质量的存在不会弯曲周围的空间：也许就连喜马拉雅山这样的庞然大物造成的空间弯曲也过于微弱，无法被我们最精密的仪器探测到。别忘了伽利略尝试用带开关的灯笼测量光速时遭遇的惨败！（图 31，p.89）。

所以你不必气馁，请务必打起精神，寻找质量更大的实验对象，譬如太阳。

哎呀，这回成了！如果你在地球和某颗恒星之间拉一条绳子，然后在这颗恒星和另一颗恒星之间拉一条绳子，最后再回到地球上的起点，用这三条线把太阳围起来，那么你会发现，这个三角形的内角和明显不等于180°。如果你没有这么长的绳子，不妨试试用光来代替它，最终的效果是一样的，因为光学原理告诉我们，光总是沿着最短的路径传播。[1]

这种用光束测量角度的实验方法如图 40B 所示。在我们进行观察的那一刻，来自恒星 S_I 和 S_{II} 的两束光分居太阳两侧，我们可以利用经纬仪测量二者之间的角度。等到太阳离开这片区域以后，我们再重复一次实验，比较前后两次测得的角度。如果二者有所区别，那么我们就证明了太阳的质量的确会改变周围空间的曲率，导致光线偏离原有路径。这个实验最初是由爱因斯坦提出的，他想验证自己的理论。看看图 41 的二维示意图，读者或许能更清晰地理

---

1. 光传播的路线即为测地线。

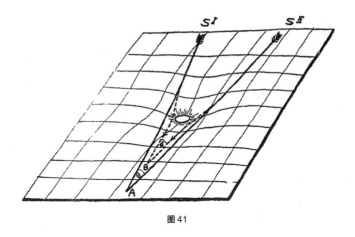

图 41

解这个实验的原理。

要在正常条件下实施爱因斯坦的提议，我们显然需要面对一个现实的障碍：太阳十分明亮，你根本看不清它周围的星星；不过在日全食期间，哪怕是白天，空中的恒星也清晰可见。为了充分利用这一优势，1919 年，英国的一支天文学家小队来到了西非的普林西比岛，这个地方是那一年观测日全食的最佳地点。结果他们发现，在有太阳影响和没有太阳影响的两种情况下，两颗恒星之间的角度差是 $1.61''\pm0.30''$，而爱因斯坦理论预测的角度差是 $1.75''$。后来的多次观测也得出了相似的结果。

当然，$1.5''$ 的角度差不算很大，但它足以证明，太阳的质量的确会影响周围的空间，导致其弯曲。

如果将太阳换成另一颗质量大得多的恒星，那么我们会发现，在这种情况下，三角形内角和与 180° 之间的差值可能高达几分甚至几度。

身在此山中的我们可能要花费大量时间和许多想象力才能习惯"弯曲三维空间"的概念，不过只要理清了思路，你会发现，它和我们熟悉的其他经典几何概念一样清晰、绝对。

要完全理解爱因斯坦提出的弯曲空间理论以及它和万有引力基本问题之间的关系，现在我们只需要迈出关键的最后一步。首先我们必须记住，刚才我们讨论的三维空间只是代表了四维时空世界的一部分，后者才是容纳所有物理现象的舞台。因此，空间弯曲的特性必然反映了四维时空世界中更普遍的弯曲，代表我们这个世界的光线与物体运动的四维世界线在超空间中看起来一定是弯曲的。

从这个角度出发，爱因斯坦得出了一个重要的结论：引力现象只不过是四维时空世界的弯曲产生的效应。事实上，现在我们或许可以抛弃"太阳直接对行星产生引力，使之绕太阳作圆周运动"这个不准确的旧说法，更准确的描述应该是：太阳的质量弯曲了周围的时空，行星的世界线看起来之所以是图 30（p.86）中的样子，仅仅是因为，那个弯曲的空间中的测地线就是这样的曲线。

因此，"引力是一种独立的力"这个概念彻底从我们的推理中消失了，取而代之的是空间的纯几何概念：在这个因大质量物体的存在而产生弯曲的空间中，所有物体沿"直线"或者说测地线运动。

4 封闭空间和开放空间

这一章结束之前，我们还得简单讨论一下爱因斯坦时空几何学中另一个重要的问题：宇宙到底是有限的还是无限的。

到目前为止，我们讨论的一直是大质量物体附近空间的局部弯曲，它就像散布在宇宙这张"大脸"上的无数青春痘。可是除了这些局部的凹凸以外，宇宙这张脸本身到底是平坦的还是弯曲的？如果是弯曲的，它的形状又该是什么样？在图 42 中，我们用二维示意图的形式画出了一个带有"青春痘"的平坦空间，和空间可能的两种弯曲形式。所谓的"正曲率"空间对应的是球面或其他任意封闭几何面，无论你朝哪边走，这样的空间总是朝着"同一个方向"弯曲。反过来说，"负曲率"空间在一个方向向上弯曲，在另一个方向则向下弯曲，所以它看起来就像一副西式马鞍。通过一个小实验，你可以清晰地看到这两种弯曲空间的区别：从足球和马鞍表面各取一块皮革，然后试着在桌面上将它们展平。你会发现，这两块皮革都必须进行拉伸或者压皱才能"展平"，不过二者的区别在于，足球上切下来的那一块皮革只能拉伸，而马鞍的那块只能压皱。换句话说，足球那块皮中心点周围的材料太少，不足以让它展平；而马鞍那块中心点周围的材料太多，必须叠起来一部分才能展平。

我们可以再换个说法。请数一数两种曲面上中心点周

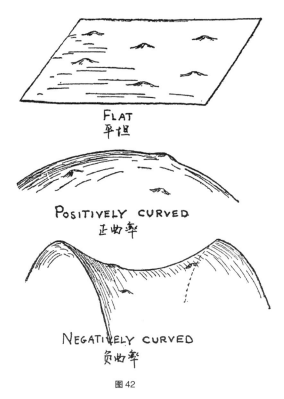

图42

围1英寸、2英寸和3英寸范围内（沿着曲面）分别有多少青春痘。在没有弯曲的平面上，青春痘的数量与距离的平方成正比，比如说，1个、4个、9个，如此等等；但在球面上，青春痘数量增长的速度比这慢得多；到了"马鞍"面上，这个数的增长速度却又快得多了。因此，哪怕居住在二维面内的影子科学家无法跳出自己的世界从外面观察它的形状，但是只需要数一数落在不同半径内的青春痘的数量，他们就能推测空间的曲率。还有一点，正曲率空间和负曲率空间内三角形的内角和也能反映二者的区别。正如我们在上一节中看到的，球面上的三角形内角和总是大于180°，但要是你在马鞍面上画一个三角形，你会发现它的内角和总是小于180°。

将二维曲面上的观察结果推广到三维弯曲空间中，我们可以得到这样一张表格：

空间类型	大尺度特征	三角形内角和	体积增长速度
正曲率（类球面）	自身封闭	>180°	慢于半径的立方
平坦（类平面）	无限延展	=180°	等于半径的立方
负曲率（类马鞍）	无限延展	<180°	快于半径的立方

利用这张表格，我们可以试着回答空间是否有限的问题——这个问题我们将在介绍宇宙尺寸的第十章中再详细讨论。

第三卷

微观世界

第六章 下降的阶梯

1 希腊人的观点

分析物体特性时，最好的办法是从我们熟悉的"正常尺寸"的物体入手，然后一步步深入其内部结构，探寻人类肉眼看不到的所有物质特性的终极起源。所以，我们的讨论不妨从你晚餐桌上的一碗蛤蜊浓汤开始。我们之所以选择蛤蜊浓汤，倒不是因为它味道鲜美、营养丰富，而是因为它很好地代表了一类物质：不均匀混合物。不用显微镜你也能看到，这碗汤由多种成分组成：切成小片的蛤蜊肉，一块块洋葱、番茄、芹菜和土豆，还有胡椒粒和小油珠，所有这些东西都混合在一碗加了盐的溶液里。

日常生活中大部分常见物质（尤其是有机物）都是不均匀的，不过我们往往需要借助显微镜才能发现这一点。比如说，只需要放大一点点，你就会看到，牛奶其实是黄油小液滴悬浮在均匀白色液体中形成的稀薄乳浊液。

普通园艺土也是微观粒子组成的精细混合物，它的成分包括石灰岩、高岭土、石英、氧化铁以及其他矿物质和盐，此外还有动植物腐烂后留下的各种有机物。如果你块普通花岗岩的表面打磨光滑，你会立即看到，这块石头由三种不同物质（石英、长石和云母）的细小晶体组成，它们紧密结合在一起，形成坚硬的固体。

在我们研究物质固有结构的过程中，弄清混合物的成分只是第一步，或者说，是这道下降的阶梯最上面的一级；接下来，我们可以直接探查不均匀混合物中那些均匀成分的内部结构。真正均匀的物质（譬如一段铜线、一杯水或者充斥房间的空气——当然，除去空中飘浮的尘埃以外）哪怕放到显微镜下也看不出任何差别，这些材料似乎处处均匀、完全一致。的确，如果将铜线或者其他任何固体（除了玻璃之类的非晶体材料以外）放到高倍显微镜下，你会看到所谓的微晶结构。但均匀材料中每一个单独晶体的性质完全相同——无论是铜线中的铜晶体还是铝制平底锅里的铝晶体，或者其他类似的晶体——抓一把食盐，你在显微镜下也只能看到氯化钠晶体。利用一种特殊的技术（慢结晶），我们可以随心所欲地制造出足够大的盐、铜、铝或者其他均匀物质的晶体，这样的"单晶"物质将始终保持均匀一致，就像水或者玻璃一样。

既然我们的肉眼和目前最强大的显微镜观察到的结果都一样，那我们能不能假设，这些均匀物质无论放大到什么程度都不会变样？换句话说，我们是否可以认为，对于铜、盐或者水之类的物质，无论我们取得的样本多么微小，它的性质将始终和大块的材料保持一致，而且可以无限分割成更小的部分？

首先提出这个问题并试图寻找答案的人是希腊哲学家德谟克利特（Democritus），他大约生活在两千三百年前的雅典。德谟克利特认为，这个问题的答案是否定的；他更愿意相信，无论某种物质看起来多么均匀，它也一定是由大量（但德谟克利特并不知道到底有多少）独立的极小的（他也不知道到底有多小）微粒组成的。对于这样的微粒，德谟克利特称之为"原子"或"不可分割之物"。不同物质包含的原子（或者不可分割之物）数量不同，但它们的区别只是表面的虚假现象。事实上，火原子和水原子完全相同，只是二者看起来不一样。确切地说，所有物质都由永恒不变的同样的原子组成。

但同时代一位名叫恩培多克勒（Empedocles）的人却提出了另一套观点，他认为原子分为几种，这些原子以不同的比例组合在一起，形成了千姿百态的物质。

基于当时粗浅的化学知识，恩培多克勒将原子分为四种，分别对应四种所谓的基本元素：土、水、气和火。

按照恩培多克勒的观点，土壤是土原子和水原子紧密结合在一起而形成的：二者结合得越好，土壤就越肥沃。从土壤中长出来的植物由土原子、水原子和来自阳光的火原子组成，这几种原子共同形成了复合木分子。干燥的木头失去了水原子，我们可以将木头燃烧的过程视为木分子重新分解成原来的火原子和土原子，前者随着火焰飘散，后者留存下来，成为灰烬。

在那个科学刚刚萌芽的年代，以这样的说辞来解释植物生长和木头燃烧的过程，看起来倒是颇有道理，但现在我们知道，这套解释完全错了。因为植物生长过程中需要的大部分材料并不是土壤里的，而是来自空气，但古人却不知道这一点——如果没人告诉你的话，恐怕你也不知道。土壤最大的作用是为植物提供支撑和水源储备，以及植物生长过程中必需的一小部分特定种类的盐；只需要顶针大小的一块土壤，你就能培植出一棵很大的玉米。

事实上，空气也并不像古人所想的那样纯净。它其实是氮和氧组成的混合物，除此以外还包含了一定数量的二氧化碳。这种分子由氧原子和碳原子组成。在阳光的作用下，植物的绿叶吸收空气中的二氧化碳，使之与根系吸收的水分发生反应，形成各种各样的有机物，这些材料构成了植物的枝干。在这个过程中，植物还会释放一部分氧，所以人们才说，"多养植物，清新空气"。

木头燃烧时，它包含的各种分子再次与空气中的氧气结合起来，变成火焰中散逸的二氧化碳和水蒸气。

古人认为植物里包含着"火原子"，但实际上火原子并不存在。阳光为植物提供的只有能量，有了能量，植物才能打破二氧化碳分子，将空气中的这种"食物原材料"分解成可吸收的营养成分；由于火原子并不存在，火的燃烧也就不能解释为"火原子的散逸"；火焰实际上只是大量的受热气体，燃烧过程释放的能量让这些气体变得清晰可见。

现在我们另举一个例子，进一步说明古人看待化学变化的视角与现代人有何不同。你当然知道，各种金属都是将相应的矿石送入鼓风炉中高温冶炼出来的。乍看之下，大多数矿石和普通石头没什么区别，难怪古代的科学家相信，矿石的成分和普通石头完全相同。不过当他们将一块铁矿石放入火中，最后却得到了和普通石头很不一样的东西——那是一种闪光的高强度物质，很适合用来打造刀具和矛尖。要解释这种现象，最简单的办法就是说金属由石头和火组成——或者换个说法，金属分子由土原子和火原子组成。

将这样的理论推而广之，他们进一步解释说，铁、铜、金的性质之所以各不相同，是因为土原子和火原子在这些金属中的占比不一样。亮闪闪的黄金包含的火原子肯定比黑乎乎、暗沉沉的铁块多，这不是明摆着的事儿吗？

既然如此，为什么不给铁加一点儿火，或者最好给铜加点儿火，把它们变成珍贵的金子呢？正是基于这样的逻辑，中世纪那些讲求实际的炼金术士才会在烟熏火燎的炉灶旁耗费无数心力，试图利用廉价的金属炼制出"人造黄金"。

从古人的角度来看，他们的做法相当合理，就像现代化学家设法合成人造橡胶；但古人的理论和实践之所以误入歧途，是因为他们相信金和其他金属都是复合材料，而不是基本的单质。但是，如果不去试，你又怎么知道哪些物质是单质，哪些是复合材料呢？要不是这些早期化学家徒劳地尝试将铁或铜炼制成金银，我们或许永远不会明白，所有金属都是化学单质，炼制金属的矿石才是由金属原子和氧原子组成的化合物（现代化学称之为"金属氧化物"）。

铁矿石在鼓风炉的高热下变成金属铁，古代炼金术士认为这是一个不同原子（土原子和火原子）结合为一体的化合过程，但事实恰好相反，炼铁实际上是剔除氧化铁分子中氧原子的分解过程。铁在潮湿的地方会生锈，这并不是因为分子中的火原子分解散逸了，只留下土原子，而是因为铁原子与来自空气或水的氧原子结合，形成了氧化铁分子。[1]

从上面的讨论中，我们很容易发现，古代科学家对物质内部结构和化学变化过程的认识基本正确，他们的错误在于没找对基本元素。事实上，恩培多克勒列出的四种基本元素都不是现代化学意义上真正的"元素"：空气其实是

---

1. 如果让炼金术士来写一个炼铁的化学反应方程，他大概会给出这样的答案：
    $$(\underset{\text{矿石}}{\underline{\text{土原子}}}) + (\text{火原子}) \rightarrow (\text{铁分子})$$
    生成铁锈的方程则是：
    $$(\text{铁分子}) \rightarrow (\underset{\text{铁锈}}{\underline{\text{土原子}}}) + (\text{火原子})$$
    但对于这两个过程，我们写出来的方程分别是：
    $$(\underset{\text{铁矿}}{\underline{\text{氧化铁分子}}}) \rightarrow (\text{铁原子}) + (\text{氧原子})$$
    和
    $$(\text{铁原子}) + (\text{氧原子}) \rightarrow (\underset{\text{铁锈}}{\underline{\text{氧化铁分子}}})$$

多种气体组成的混合物，水分子由氢原子和氧原子构成，石头和土壤是各种元素组成的复杂混合物，而火原子根本就不存在。[1]

事实上，自然界中共有 92 种不同的化学元素，而不是 4 种。[2] 在这 92 种化学元素中，有一部分在地球上大量存在，我们大家都很熟悉，譬如氧、碳、铁和硅（大部分岩石的主要成分）；但有的元素非常罕见，例如镨、镝或者镧，这些元素你恐怕根本就没听说过。除了自然元素以外，现代的科学家还成功地合成了几种全新的化学元素。本书后面的章节将简单地介绍这方面的内容，其中一种名叫钚的元素注定会在原子能的释放（包括战争用途与和平用途）中发挥重要作用。这 92 种基本元素以不同的比例结合起来，形成了千姿百态的化合物，包括水和黄油、石油和土壤、石头和骨头、茶和 TNT 炸药，还有其他很多更复杂的分子，例如氯化三苯基吡啶嗡和甲基异丙基环己烷——优秀的化学家必须牢记这些术语，但普通人多半没法一口气将它读完。原子的组合无穷无尽，为了总结它们的性质、制备方法之类的知识，人们正在编制一本又一本化学手册。

---

1. 不过我们很快就将在本章中看到，光量子理论诞生后，火原子的概念又有一部分获得了新生。

2. 此处作者指的是当时已经发现的自然界天然存在的元素。学界曾经认为最后发现的一种自然元素是 87 号元素钫，但 1971 年，人们又发现，最初由人工合成的 94 号元素钚在自然界可以少量地产生。92 号元素铀之后的"超铀元素"都是首先以人工合成的办法发现的，截至 2018 年，人类发现的元素已经扩展到了 118 种。——译注

2　原子有多大？

　　其实德谟克利特和恩培多克勒在讨论原子的时候都秉持着一个模糊的哲学理念：物质不可能无限分割成越来越小的碎片，我们最终必然抵达一个不可分割的最小单元。

　　而当某位现代化学家谈到原子，他所指的对象就明确多了；因为不同的化学元素必须严格按照特定的质量比结合在一起才能形成分子，这个质量比显然反映了单个原子的相对质量，要理解这条基本的化学定律，化学家必须准确地了解基本的原子和它们在化合物分子中的组合形式。比如说，化学家根据经验总结出来，氧原子、铝原子和铁原子的质量必然分别是氢原子质量的 16 倍、27 倍和 56 倍。但是，尽管不同元素的相对原子质量[1]是化学领域最重要的基本数据，但在这门学科中，以克为单位的原子实际质量其实并不重要，这个信息不会影响任何化学现象，也不会妨碍我们应用化学定律和化学方法。

　　不过，要是让物理学家来研究原子，首先他肯定会问："原子的尺寸到底是几厘米，重量是几克，一定量的物质中有多少个原子或分子？我们能不能想出办法来观察、计数、操控单个的原子和分子？"

　　估算原子和分子尺寸的方法多不胜数，其中最简单的

1.　日常简称为原子量。——译注

一种不需要现代的实验设备也能实现。如果当年的德谟克利特和恩培多克勒能想到这个办法，他们大可以亲自试试。如果某种物质（譬如一段铜线）的最小单位是原子，那么显然，你肯定不能把它压成厚度小于该原子直径的薄片。因此，我们可以试着将铜线不断拉长，让它成为一长串单个原子组成的细线，或者用锤头将它敲成一片只有原子直径那么厚的铜片。对于铜线或其他任何一种固体材料而言，这都是个近乎不可能的任务，因为在获得我们想要的最小厚度之前，它肯定早就断了。但液体材料（例如水面上的薄薄一层油）大概可以轻松摊成一张"薄毯"，这层油膜中的所有分子都平行分布，垂直方向上没有任何重叠。如果读者有足够的耐心和细心，你可以亲自做个实验，用这种简单的办法测量油分子的大小。

取一个浅而长的容器（图 43），将它放在桌子或地板上，使之保持绝对水平；在容器中加满水，然后在水面上横着放一根金属丝。现在，如果你在金属丝的一侧滴一小滴油，那么油膜会铺满这块水面；接下来沿着容器边缘朝着远离油膜的方向移动金属丝，油膜也会随之扩展，变得越来越薄，最终油膜的厚度必然等于单个油分子的直径。达到这个厚度以后，如果继续移动金属丝，连续的油膜就会破裂产生孔洞。现在你知道滴进水里的油有多少，也知道连续油膜能覆盖的最大面积，所以你可以轻松算出单个油分子的直径。

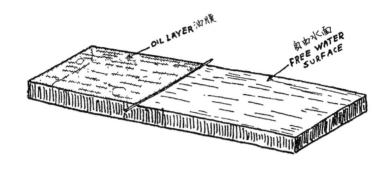

图 43
水面上的薄油膜如果拉伸过度就会断裂

  做这个实验的时候，你或许会观察到另一个有趣的现象。将油滴到水里的时候，你会立即看到油面上熟悉的彩虹光泽，这样的景色在船只来往频繁的港口水面上十分常见。油面上的彩虹源自光的干涉现象，射入水面的光分别在油膜的上边界和下边界发生反射，这两组光会发生干涉；水面上不同的区域之所以会出现不同的颜色，因为油膜是从油滴落下的那个点开始扩散的，所以它的厚度并不均匀。如果你多等一会儿，让油膜均匀分布，那么整个油面就会呈现出同一种颜色。随着油膜不断摊薄，反射光的波长也会不断变短，油面的颜色逐渐从红色变成黄色，然后依次变成绿色、蓝色和紫色。如果继续扩大油面区域，最终油面上的颜色会彻底消失。这并不意味着油膜不见了，而是因为它的厚度小于最短的可见光波长，我们的眼睛看不到这样的颜色。但你依然能够清晰地分辨覆有油膜的水面，因为被薄油膜上下边界反射的两组光还是会发生干涉，最终导致总亮度降低。所以就算颜色消失了，覆有油膜的水面看起来也比正常水面"暗"一点儿。

亲自动手做一做实验，你会发现 1 立方毫米的油大约能覆盖 1 平方米水面，一旦超过这个面积，油膜就会破裂。[1]

3 分子束

研究透过小孔喷入周围空间的气体和蒸汽时，我们也可以顺便找到另一种揭示物质分子结构的有趣方法。

假设我们有一个真空的玻璃泡泡（图 44），它的中央是一个小电炉：将电阻丝绕在带孔洞的陶制圆筒上，就能做出一个电炉。如果我们在电炉里放一小块低熔点金属，例如钠或者钾，那么它产生的金属蒸汽将填满圆筒内部，然后透过圆筒壁上的小孔释放到周围的空间中。这些蒸汽一旦接触玻璃泡冰冷的侧壁就会粘在上面，在球壁上的不同区域形成一层极薄的镜面，清晰地告诉我们金属蒸汽从电炉中喷出后的运动轨迹。

---

1. 那么我们的油膜在濒临破裂的时候到底有多薄？为了完成这样的计算，我们不妨把体积 1 立方毫米的油想象成一个边长 1 毫米的正方体。要将这个正方体压扁，使之覆盖 1 平方米的水面，那么它接触水的那个面必须扩大 1000^2 倍（从 1 平方毫米到 1 平方米），相应地，它的垂直边长也将缩小到原来的 $1/1000^2$，才能维持体积不变。因此我们可以算出油膜的最小厚度，即油分子的实际直径，这个值约等于 0.1 厘米 $\times 10^{-6} = 10^{-7}$ 厘米。因为油分子由多个原子组成，所以原子的尺寸应该比这个数更小。

接下来我们还会进一步发现，电炉的温度会影响金属膜在球壁上的分布。电炉的温度越高，陶制圆筒内的金属蒸汽密度就越高，我们会看到蒸汽从小孔中喷射出来，就像水壶或蒸汽发动机"冒烟"一样。进入玻璃泡内部相对较大的空间以后，金属蒸汽会向四面八方扩散（图44a），充斥整个球体，在球壁上形成比较均匀的薄膜。

　　但要是电炉的温度比较低，陶制圆筒内部的蒸汽密度升不上去，我们就会观察到另一番景象。从小孔中喷出的金属蒸汽不再扩散，而是沿着直线运动，所以大部分金属膜最后都会落在玻璃泡正对圆筒孔洞的那一面上。如果在小孔前方放一块挡板（图44b），你会更清晰地观察到金属微粒的直线运动。挡板后方的玻璃壁上没有金属膜，最终会形成一块和挡板几何形状完全一致的透明斑。

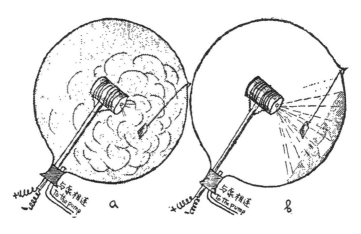

图44

如果你还记得蒸汽的成分是大量独立的分子，它们在空间中向四面八方运动，彼此不断碰撞，那么你应该很容易理解金属蒸汽在高低温下的表现为何大不相同。从小孔中喷出的高密度金属蒸汽就像急着逃离着火剧院的一大群人，冲出剧场大门以后，他们在街道上也会不断冲撞彼此，四散奔逃。但从另一方面来说，低密度蒸汽可以类比成每次只有一个人走出剧场大门，所以他大可以从容不迫地直线前进，不会被别人撞偏。

从电炉小孔中喷出的低密度蒸汽物质流被称为"分子束"，它由紧挨在一起穿过空间的大量独立分子组成。研究单个分子特性的时候，这样的分子束十分有用。比如说，你可以利用分子束来测量分子热运动的速度。

研究分子束速度的设备最初是由奥托·施特恩（Otto Stern）设计的，从本质上说，这套装置和斐索测量光速的设备（见图 31）完全一样。它由两个安装在同一根轴上的齿轮组成，两个同轴齿轮以特殊的角度安装，要让分子束畅通无阻地穿过两个齿轮，这根轴必须以特定速度旋转（图 45）。施特恩在轴的尽头放了一块隔板，用于接收透过齿轮的细分子束；利用这套设备，他发现一般来说，分子运动的速度很快（钠原子在 200℃时的运动速度是每秒 1.5 千米），而且随着气体温度的升高，分子运动的速度还会进一步增大。这直接证明了热运动理论，根据这套理论，物体温度升高实际上是因为分子不规律热运动加剧。

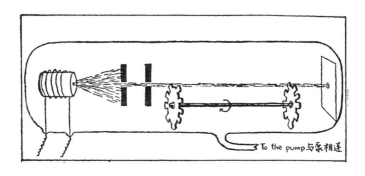

图45

4　原子摄影

　　虽然上述例子足以证明原子假说的正确性，但我们还是更相信"眼见为实"，所以要确凿无疑地证明原子和分子的存在，我们最好能让人类用肉眼看到它们。直到最近，英国物理学家 W.L. 布拉格（W.L.Bragg）才实现了这个目标，他设法拍下了几种晶体原子和分子的照片。

　　不过，你可别以为给原子拍照有多简单，要拍摄这么小的物体，你必须考虑到，照射在物体上的光线波长必须小于拍摄对象的尺寸，否则照片肯定会糊成一片，就像波斯细密画绝不能用油漆刷来画！成天跟微生物打交道的生物学家深知其中的难处，因为细菌的尺寸（约 0.0001 厘米）正好跟可见光的波长差不多。为了提高照片的清晰度，他们只能用紫外线拍摄显微照片，因为这种光的波长比可见光短，所以拍摄效果更好。但分子的尺寸和晶格中分子之间的距离都太小了（0.00000001 厘米），别说可见光，就连紫外线都达不到要求。要看清单个分子，我们只能借助波长只有可见光几千分之一的射线——换句话说，我们必须借助 X 射线。不过到了这里，我们又遇到了一个看似无法克服的难题：在实际操作中，X 射线能够畅通无阻地穿透任何物质，不会发生折射，所以透镜和显微镜都无法在 X 射线下工作。当然，从医学角度来说，这种强穿透力、不折射的特性非常有用，如果 X 射线在穿过人体时发生了折射，那么最后我们得到的 X 光片就会糊成一片。但这样的特性似乎彻底扼杀了我们用 X 射线拍摄显微照片的可能性！

面对这个难题，起初人们一筹莫展，但 W.L. 布拉格想出了一个天才的办法。他的方法基于阿贝（Abbé）提出的显微数学理论，根据这套理论，所有显微图像都可视作大量独立图像叠加在一起而形成的，其中每个图像都可表示为拍摄区域内特定角度的一组平行暗纹。图 46 就是个简单的例子，通过这组图片，你可以看到，我们用四组平行暗纹叠出了一幅黑暗区域中央的椭圆形亮斑图片。

根据阿贝的理论，显微镜的运作原理可以拆成几步：1. 将原始照片分解成大量独立的暗纹图像；2. 分别放大每一幅独立图像；3. 重新将所有图像叠加起来，得到放大后的照片。

这个过程类似用多块单色母版印刷彩色图片。单独看到任何一种颜色的图案，你可能都认不出它拍的到底是什

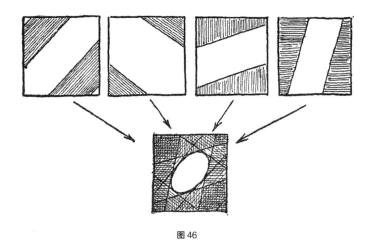

图46

么，但只要将所有颜色以正确的方式叠加在一起，你就能得到清晰锐利的完整图片。

既然 X 射线不可能完整实现以上三个步骤，我们只好分步走：首先从不同的角度为晶体拍摄大量的 X 射线条纹图像，然后以正确的方式将它们叠加到一张照片上。通过这种方式，我们可以实现"X 射线放大镜"的功能，只不过真正的放大镜用起来毫不费事，但我们这套流程却要消耗经验丰富的实验员好几个小时的时间。正是出于这个原因，布拉格的方法只能用来拍摄固定不动的晶体分子照片，却无法拍摄液体或气体中的分子，因为它们总是到处乱跑。

虽然布拉格的显微摄影术有些烦琐，没有"咔嚓"按一下快门那么简单，但他拍出的照片绝不逊色于任何合成图片。如果出于某些技术原因，我们无法用一张照片呈现整座大教堂，那么你想必不会拒绝用几张独立照片合成的教堂全景。

在照片 I（p.395）中，我们可以看到一张熟悉的 X 射线照片，它拍摄的是一个六甲基苯分子，这种分子的化学式如下：

在这张照片上，我们可以清晰地看到六个碳原子组成的环和其他六个分别与之相连的碳原子，但相对较轻的氢原子几乎完全看不见。

亲眼看到这样的照片以后，恐怕就连多疑的托马斯[1]也会相信分子和原子的存在。

---

1. 典出圣经故事，托马斯是耶稣的门徒，他声称除非自己亲眼看到并触摸耶稣的身体，否则他绝不相信人能死而复生。后来人们用"多疑的托马斯"形容怀疑一切，只相信眼见为实的人。——译注

5 解剖原子

德谟克利特给原子起的名字来自希腊语中的"不可分割之物"，当时他认为，这些微粒代表了物质可分割的最小单元，换句话说，原子是组成所有物质的最小、最简单的结构组件。几千年后，"原子"这个古老的哲学概念得到了科学的支持，基于我们观察到的大量证据，原子不可分割的信念越来越根深蒂固，人们想当然地认为，不同元素的原子性质之所以各不相同，是因为它们的几何形状有所差异。比如说，他们认为氢原子的形状近似球体，而钠原子和钾原子就像拉长的椭圆。

从另一方面来说，在人们的想象中，氧原子看起来就像甜甜圈，中间有个近乎封闭的洞，所以将两个球状的氢原子一上一下同时填入氧原子中间的洞里，我们就得到了水分子（H_2O）。钠原子和钾原子之所以能够轻而易举地取代水分子中的氢原子，是因为比起球状的氢原子来，这两种长椭球形的原子更契合氧原子甜甜圈中间的洞。

从这个角度来看，不同元素之所以会释放不同的光谱，是因为不同形状的原子有不同的振动频率。于是物理学家试图通过元素释放的光谱倒推出不同原子的形状，但没有成功，这和我们从声学角度解释小提琴、教堂钟和萨克斯管音色的区别如出一辙。

但是以不同原子的几何形状为基础解释其化学和物理

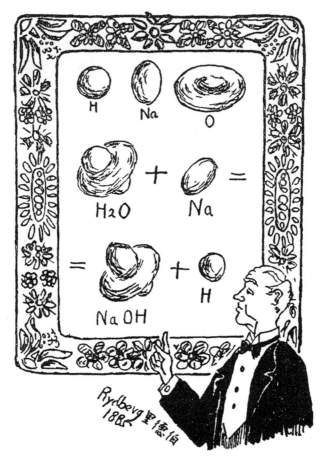

图47

特性的努力全都收效甚微，直到人们认识到，原子并不是几何形状各不相同的基本粒子，恰恰相反，它是由大量独立运动部件组成的相当复杂的装置，我们才真正迈出了理解原子特性的第一步。

解剖精致的原子是一项复杂的手术，首次完成这一壮举的是著名的英国物理学家 J.J. 汤姆孙（J.J.Thomson），他成功证明了各种化学元素的原子由带正电和负电的部件组成，电磁力将这些部件结合在一起。按照汤姆孙的设想，原子其实是一团均匀的正电荷，大量带负电的粒子漂飘浮其中（图 48）。负电粒子（汤姆孙将之命名为"电子"）携带的负电荷等于包裹它的正电荷，所以原子整体呈电中性。不过，由于电子与原子的结合相对比较松散，所以偶尔会有一个或者几个电子散逸出去，留下一个带正电的不完整的原子，也就是正离子。从另一方面来说，有时候原子又会从外部额外获取几个电子，于是它就得到多余的负电荷，变成了负离子。原子得到多余正电荷或负电荷的过程被称为离子化。汤姆孙的观点基于迈克尔·法拉第（Michael Faraday）的经典著作，后者证明了原子携带的电量必然等于一个基本量的倍数，这个基本电量单位的值是 5.77×10^{-10}。但比起法拉第来，汤姆孙又向前走了一大步，他提出原子电量之所以总是成倍变化，是因为这些电荷实际上是独立的微粒；除此以外，他还找到了从原子中分离电子的方法，甚至开始研究空间中高速飞行的自由电子束。

汤姆孙研究自由电子束的一大成果是估测电子的质量。他利用强电场从灼热电线之类的材料中分离出一束电子，然后让它穿过两片带电电容板之间的空间（图 49）。由于这束电子携带负电荷——或者更准确地说，它本身就是负电

图48

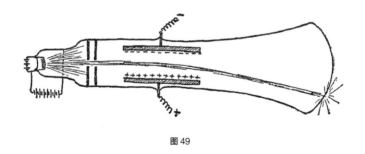

图49

荷——所以它会被电容正极吸引，同时被负极排斥。

如果在电容后面放一块荧光屏，我们很容易就能观察到电子束的偏转。知道了单个电子的电量和它在特定电场中的偏转程度，就能估算出电子的质量，于是我们发现，电子真的很轻。事实上，汤姆孙发现，单个电子的质量只有氢原子质量的 1/1840，这意味着原子质量主要来自带正电的组件。

虽然汤姆孙正确地预见到了原子内部有大量运动的带负电的电子，但他认为原子内部的正电荷是均匀分布的，这个观点却错得有点儿离谱。1911 年，卢瑟福证明了贡献原子大部分质量的正电荷实际上集中在原子中央一个非常小的原子核里。这个结论来自他的一个著名实验，这个实验的目的是研究所谓的"阿尔法（α）粒子"穿过物质时是否会发生散射。α 粒子是特定不稳定元素（例如铀或镭）的原子自发分裂而释放的高速微粒，科学家已经证明了 α 粒子的质量近似原子的质量，而且它携带正电荷，所以它一定就是原子中带正电的组件。α 粒子穿过目标材料的原子时会被其内部的电子吸引，同时被正电组件排斥。不过，由于电子实在太轻，所以它们无法影响入射 α 粒子的运动，就像一大群蚊子也不可能影响受惊飞奔的大象。但从另一方面来说，由于原子中携带正电的组件与入射 α 粒子的质量相当，所以只要二者的距离够近，前者必然影响后者的运动，使之偏离原有轨道，向着四面八方散射。

卢瑟福用一束 α 粒子照射一片铝箔，然后惊讶地发现，要解释他在实验中观察到的结果，就必须假设入射 α 粒子与原子正电组件之间的距离不到原子直径的千分之一。当然，要满足这样的条件，唯一可能的解释是，入射 α 粒子和原子正电组件的尺寸都只有原子的几千分之一。卢瑟福的发现推翻了汤姆孙"正电荷均匀分布"的原子模型，他的新理论认为，尺寸极小的原子核位于原子中央，周围环绕着一大群带负电的电子。现在的原子不再是西瓜的形状（电子就是西瓜籽），看起来倒更像是缩微版的太阳系，原子核类似太阳，电子类似行星（图50）。

原子和太阳系不仅结构相似，还有其他很多共同点：原子核的质量相当于原子总质量的99.97%，而太阳系99.87%的质量都集中在太阳里；围绕原子核运行的电子之间的距离相当于电子直径的几千倍，太阳系内行星间的距离与行星直径的比值差不多也是这个数。

不过，二者最重要的相似之处在于，原子核和电子之间的电磁力与距离的平方成反比，太阳和行星之间的引力也遵循同样的数学规律。所以电子沿圆形和椭圆形轨道绕着原子核运动，就像太阳系里的行星和彗星一样。

根据原子内部结构的上述理论，不同化学元素的原子之所以有所区别，原因必然是不同原子内部绕核运动的电子数量不同。由于原子整体呈电中性，绕核运动的电子数量必然等于原子核携带的正电荷数量，根据 α 粒子因原子核的排

图 50

斥而产生的偏移散射，我们又能直接估算出原子核携带的正电荷数量。于是卢瑟福发现，如果将所有化学元素按照从轻到重的顺序排列起来，那么每一种元素的原子包含的电子数都比前一种元素多一个。这样一来，氢原子只有 1 个电子，氦原子有 2 个电子，锂有 3 个，铍有 4 个，以此类推，直到最重的自然元素铀，它一共拥有 92 个电子。[1]

原子在这个序列中的排位通常被称为该元素的原子序数，根据元素的化学性质，化学家编制了一张化学元素周期表，这张表格中的原子编号和位置也和它的序数保持一致。

这样一来，任何一种元素的物理性质和化学性质都可以简单地用绕核旋转的电子数量来表示。

19 世纪末，俄国化学家 D. 门捷列夫（D.Mendeleev）注意到，自然序列中的元素化学性质呈现出明显的周期性。他发现，这些元素的性质每隔一定数目就会重复一次。图 51 生动地体现了这样的周期性，在这幅图中，代表已知元素的所有符号沿着圆筒表面排成了一条螺旋状的带子，拥有类似性质的元素都落在同一列里。我们看到，第一组元素只有 2 种：氢和氦；接下来的两组分别包含了 8 种元素；最终元素性质的重复周期扩大到了 18 种。如果你还记得，自然序列中每种元素的原子都比前一种多一个电子，那么我们必将得出一个无法回避的结论：元素的化学性质之所

---

1. 现在的我们已经掌握了"炼金术"（详见下章），可以人工合成更复杂的原子，所以原子弹里使用的人造元素钚拥有 94 个电子。

以会呈现出明显的周期性，这必然是因为原子内部的电子——或者说"电子层"——拥有某种重复出现的稳定结构。第一层最多能容纳 2 个电子，接下来的两层分别能容纳 8 个电子，再往外的电子层最多能容纳 18 个电子。通过图 51 我们还会发现，元素的自然序列进入第六个和第七个周期以后，元素性质严格的周期律似乎被打乱了，这一块

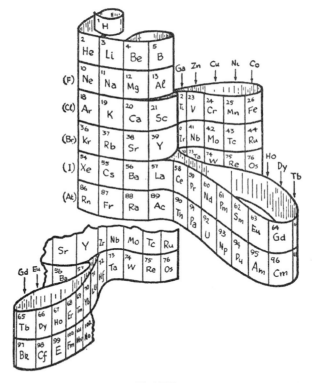

图 51 正面

元素周期性排列形成的螺旋条带，元素性质的重复周期分别是 2、8 和 18。下方的示意图单独画出了扰乱元素"周期环"的两组异常元素（稀土元素和锕系元素）。

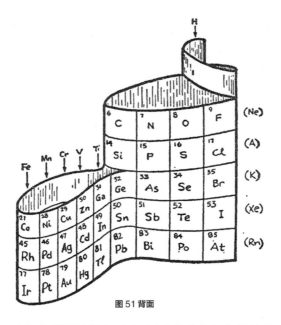

图51 背面

的两组元素（所谓的稀土元素和锕系元素）必须抽取出来单独放到一边。之所以会出现这样的异常现象，是因为这些元素原子内部的电子层结构比较特殊，从而影响了它们的化学性质。

既然我们已经知道了原子的模样，现在我们可以找找这个问题的答案了：是什么样的力将不同元素的原子结合在一起，形成各种各样的复杂化合物分子？比如说，钠原子和氯原子为什么会结合形成食盐分子？我们可以在图52中看到，氯原子的第三个电子层少了一个电子，而钠原子在填满第二个电子层以后，正好有一个多余的电子。所以来自钠原子的多余电子必然倾向于与氯原子结合，填满后

163

者的第三个电子层。失去了一个电子（带负电荷）的钠原子带正电，与此同时，得到一个电子的氯原子带负电。在电磁力的吸引下，两个带电原子（或者说离子）结合起来形成氯化钠分子，俗称食盐。以此类推，氧原子的最外层少了两个电子，所以它会从两个氢原子处分别"绑架"一个电子，形成一个水分子（H_2O）。换句话说，氧原子通常对氯原子没兴趣，氢原子和钠原子也很难擦出火花，因为前面那两个家伙都劫掠成性，不习惯付出，与此同时，后面的两种原子都对掠夺没兴趣。

氦、氩、氖、氙等电子层完整的原子既不需要夺取也不必付出多余的电子，它们更喜欢自己跟自己玩，所以这些元素（所谓的"稀有气体"）化学性质很不活泼。

这个小节我们主要介绍了原子和它的电子层，本节结束之前，我们还得讨论一下原子携带的电子在金属类物质

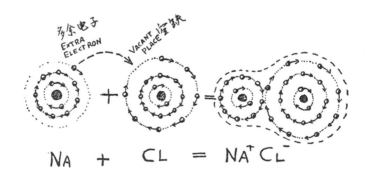

图 52

钠原子和氯原子结合形成氯化钠分子的原理示意图

中扮演的重要角色。金属和其他材料很不一样，因为金属原子内部的外层电子与原子核的结合十分松散，所以常常会有一两个电子挣脱原子核的束缚，成为自由电子。这样一来，金属材料内就有大量漫无目的游荡的自由电子，就像一群无家可归的流浪汉。如果给金属丝通电，这些自由电子会顺着电压的方向狂奔，形成我们所说的电流。

金属之所以拥有优秀的导热性能，也是因为自由电子的存在——但这部分内容我们留到后面的章节再讲。

6 微观力学与不确定性原理

如前所述，原子内部绕核旋转的电子系统类似行星系，所以我们自然会认为，电子的运动也应该遵循行星绕日运动的天文规律。再说得具体一点儿，由于电磁定律和引力定律十分相似——电磁力和引力都跟距离的平方成反比——我们难免觉得，原子内部的电子必然沿椭圆轨道围绕原子核运动（图53a）。

但是任何试图借助太阳系天体运动规律来描绘原子内部电子运动的努力最终总会出乎意料地一败涂地，以至于人们一度怀疑，要么是物理学家疯了，要么是物理学本身出了问题。麻烦的根源在于，和太阳系的行星不一样，原子内部的电子携带电荷；和任何振动或旋转的带电粒子一样，绕核旋转的电子必然释放大量电磁辐射。这些辐射会

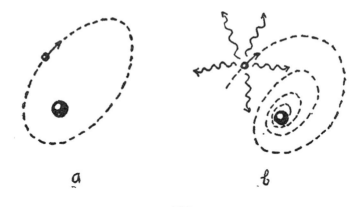

图 53

带走能量，那么合理的推测是，原子内部的电子会沿着一条螺旋形的轨道（图 53b）不断逼近原子核，等到旋转动能彻底耗尽，它最终会坠落到原子核上。电子携带的电量和旋转频率都是已知的，根据这些数据，我们可以轻松算出，电子失去所有能量坠向原子核，这个过程消耗的时间最多只有百分之一微秒。

因此，根据已有的物理学知识，如果原子内部的结构真的和行星系一样，那么它只能维持亿万分之一秒的时间，换句话说，这样的原子旋生旋灭，根本无法长期存在。

但是尽管我们从理论上推出了如此悲观的前景，但现实却告诉我们，原子结构非常稳定，原子内部的电子高高兴兴、不知疲倦地绕着中央的原子核绕圈，绝不损失任何能量，更没有坠落的迹象！

这怎么可能！我们试图运用完善的旧理论来解释原子

内部的电子运动，为什么会得出与现实大相径庭的结果？

要回答这个问题，我们必须回顾科学中最基本的问题：什么是"科学"？科学的本质是什么？什么又是事物的"科学解释"？

我们不妨从记忆中找个简单的例子，比如说，古希腊人相信地球是平的。你很难责怪他们，因为要是你走进一片旷野，或者在开阔的水面上航行，你也会亲眼见证，除了山峦偶尔的起伏以外，地球表面看起来的确是平的。古人的错误不在于他们断然宣布"某人在给定观察点看到的地球是平的"，而在于他们贸然将这一结论推广到了实地观察的范围以外。事实上，只要做一些超出日常经验范围的观察，譬如说研究月食期间地球投在月面上的影子，或者麦哲伦著名的环球航行，我们立即可以证明，这样的推广是错误的。现在我们说，地球看起来是平的，这只是因为我们只能看到地面上很小的一部分。还有一个类似的例子，我们在第五章中讨论过，宇宙中的空间可能是弯曲有限的，尽管从我们有限的观察范围来看，宇宙十分平坦，而且广袤无垠。

不过，我们想要讨论的明明是组成原子的电子实际运动与理论预测的矛盾，刚才说的一大堆和这个问题有什么关系？答案是，在这样的研究中，我们首先默认了电子运动遵循的规律与大型天体完全一致，或者更确切地说，与我们日常生活中习惯的"正常尺寸"的物体完全一致，所以我们才会用同一套术语描述它们。事实上，我们熟悉的力学定律和概念都是基于已有的观察经验建立起来的，而这些经验都来自与人类自身尺寸相仿的物体。后来我们开始运用这些规律解释另一些大得多的物体的运动，例如行星和恒星，结果获得了成功，所以我们才能极为准确地计算前后几百万年的各种天文现象。因此，我们毫不怀疑，这些熟悉的力学定律确实可以向外推广，解释大型天体的运动。

尽管经典力学定律的确能解释巨型天体、炮弹、钟摆和玩具陀螺的运动，但电子的大小和质量只相当于最小的力学设备的亿万分之一。我们凭什么相信，同样的定律就一定适用于它呢？

当然，我们没有理由预先假设经典力学定律就一定无法解释原子内部细微部件的运动；但是从另一方面来说，如果真的遭遇了这样的失败，我们也不必过于惊讶。

这样一来，既然天文学定律与电子的实际运动产生了矛盾，那么我们首先应该考虑，运用经典力学来解释这类尺寸极小的粒子运动时，一些基本的概念和定律或许可以做些变通。

经典力学的基本概念包括粒子运动的轨道和粒子沿轨道运动的速度。在任意给定时刻，运动的物质粒子必然占据空间中一个确定的点，物质粒子在不同时刻占据的点串联起来，就形成了它的运动轨道，这句话通常被视为不言自明的真理，它也是我们描述物体运动的基础。如果知道特定物体在两个不同时刻占据的位置之间的距离，再除以这两个时刻的时间间隔，就能算出该物体的运动速度。位置和速度，这两个概念奠定了整个经典力学的根基。直到不久前，恐怕还没有哪位科学家想到过，描述运动现象的这两个最基本的概念竟然会有瑕疵，要知道，从哲学的角度来说，这两个概念完全是先验的。

但是科学家运用经典力学定律描述微小的原子系统内部运动的努力却遭遇了彻底的失败，于是我们意识到，在这种情况下，有的东西可能彻底错了；人们越来越怀疑，这样的"错误"可能存在于经典力学最基本的层面。对于原子内部的微小部件来说，物体的连续运动轨道和任意给定时刻的速度，这些基本概念似乎显得过于粗糙。简单地说，将我们熟悉的经典力学理论推广到极小质量物体的运动中，这种不成功的努力告诉我们，要完成这个任务，我们必须对固有的概念做出极大的调整。但是如果经典力学的旧理念真的不适用于原子世界，那么在描述更大物体的运动时，它也不可能绝对正确。因此我们得出结论：经典力学理论只是非常近似"真理"的赝品，一旦我们试图用它来描述更精密的系统，就会遭遇惨痛的失败。

通过研究原子系统的力学特性、构建所谓的量子力学，我们为科学引入了全新的元素。量子力学基于科学家发现的一个事实：两个不同物体之间的任何相互作用存在一个确定的下限。这个发现彻底颠覆了"物体运动轨道"的经典定义。事实上，如果说运动物体必然拥有一条数学意义上的精确轨道，那就意味着我们有可能利用某种专门的物理设备来记录它的运动轨道。但是千万别忘了，记录轨道的行为必然干扰物体的运动；事实上，根据牛顿的作用力与反作用力定律，如果运动物体对记录其在空间中连续位置的测量设备产生了某种影响，那么这台设备必然对它产生反作用力。按照经典物理的假设，两个物体（此处指的是运动物体和记录其运动的设备）的尺寸不受限制，可以任意缩小，那么我们或许可以设想一种非常灵敏的理想设备，它既能记录运动物体的连续位置，又完全不会干扰后者的运动。

但是物理相互作用下限的存在彻底改变了讨论的前提，现在我们不能再随心所欲地削弱测量设备带来的干扰。这样一来，观察对运动的干扰变成了运动中不可或缺的一部分，物体运动的轨道也不再是数学意义上无限细的一条线，我们不得不将它视为空间中有一定厚度的弥散的条带。经典物理中数学意义上的清晰轨道变成了新力学里弥散的宽条。

不过，物理相互作用的最小量——它更常用的名字是"作用量子"（quantum of action）——是一个非常小的值，只有在研究极小物体的运动时才有意义。比如说，虽然手枪子弹的运动轨道并不是数学意义上的清晰线条，但这条轨道的"厚度"比组成子弹的物质原子尺寸小很多个数量级，所以实际上我们可以将它视为零。不过，如果将研究对象换成更容易被测量干扰的更轻的物体，我们就会发现，运动轨道的"厚度"变得越来越重要。对于绕核运动的电子来说，运动轨道的厚度与其直径尺度相当，所以我们不能像图 53（p.166）一样用线条来描绘电子的运动，而只能把它画成图 54 所示的样子。在这种情况下，我们不能再用经典力学中那些熟悉的术语来描述粒子的运动，它的位置和速度必然具有一定的不确定性（海森堡的不确定性原理和玻尔的互补原理）。[1]

新物理学将我们熟悉的很多概念一股脑地扔进了废纸篓，什么运动轨道、绝对位置，还有运动粒子的速度，这样的进展过于惊人，我们简直觉得艰于呼吸。既然不能再

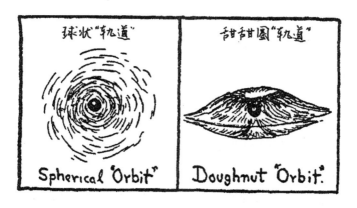

图 54
原子内部电子运动的微观力学示意图

---

1. 关于不确定性原理的详细讨论请见本书作者的另一部作品《物理世界奇遇记》。

用这些曾经被公认的基本原理研究原子内部的电子，那我们该用什么基础工具来理解电子的运动呢？为了应对量子力学中位置、速度、能量等参数的不确定性，我们需要一套取代经典力学方法的数学体系。

要回答这些问题，我们可以借鉴经典光学理论的经验。我们知道，要解释日常生活中观察到的大部分光学现象，我们都可以采用一个基本假设：光沿直线传播，所以我们才会叫它"光线"。光线反射和折射的基本定律（图55a、b、c）可以解释很多东西，例如不透明物体投下的影子、平面镜和曲面镜成像，以及镜片和各种更复杂的光学系统的运作原理。

但我们也知道，如果光学系统中的小孔与光的波长尺度相当，将光当成线来研究其传播方式的几何光学方法就会彻底失效。这种现象被称为"衍射"，几何光学完全无法解释光的衍射。这样一来，如果一束光穿过一个很小很小的孔（尺度只有0.0001厘米），它就不再沿直线传播，而是散射形成特殊的扇状图样（图55d）。要是一束光照在一面刻有大量平行细线（"衍射光栅"）的镜子上，它就不再遵循我们熟悉的反射定律，而是转而投向不同的方向，具体取决于细线之间的距离和入射光的波长（图55e）。我们还知道，水面上薄薄一层油反射出来的光会形成明暗相间的特殊条纹（图55f）。

在这些例子里，熟悉的"光线"概念无法解释我们观

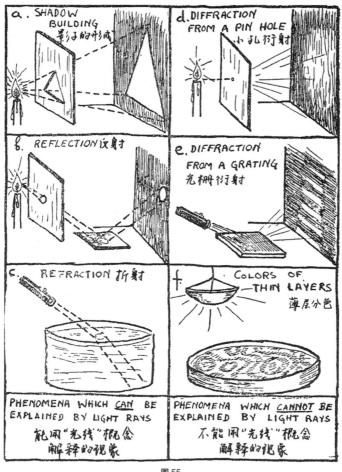

图 55

察到的现象，我们必须用一种新的认识来取代它：光能均匀分布在光学系统占据的整个空间中。

我们很容易看到，光线的概念无法解释光学衍射现象，这和经典力学中精确的轨道概念无法解释量子力学现象如

173

出一辙。我们不能将光视作绝对的线。同样，根据量子力学原理，我们也不能说运动粒子的轨道无限细。在这两种情况下，我们都不能再说某种事物（无论是光还是粒子）沿着数学意义上的线（无论是光线还是运动轨道）传播，只能采用另一种表达方式来解释观察到的现象："某种事物"连续散布在整个空间中。对光来说，这种事物就是光在各个点的振动强度；而对于量子力学来说，这种事物是新引入的位置不确定的概念，在任意给定时刻，运动粒子可能出现的位置有好几个——而不是确定的一个——而且它出现在各个位置的概率不尽相同。我们无法再准确描述给定时刻运动粒子的确切位置，但可以根据"不确定性原理"算出它可能存在的范围。我们用光的波动理论来解释衍射现象，用新的"微观力学"或者"波动力学"（由 L. 德布罗意和 E. 薛定谔建立）解释机械粒子的运动，通过一个实验，我们可以清晰地看到这两组现象之间的联系。

图 56 画的是 O. 施特恩研究原子衍射的实验装置。一束利用本章前文描述的方法制造出来的钠原子被一块晶体的表面反射。在这个实验中，对入射的粒子束来说，组成晶格的普通原子层扮演了衍射光栅的角色。实验者利用一系列放置角度各不相同的小瓶子来收集被反射的钠原子，然后仔细测量每个瓶子收集到的原子数量。最后的结果如图 56 所示，瓶子里的阴影代表收集到的原子。我们看到，经过反射的钠原子不再奔向一个确定的方向（就像小玩具

枪向一块金属板发射的弹珠那样），而是不均匀地分布在一定的角度内，其规律和X射线的衍射图样十分相似。

经典力学认为单个原子沿着确定的轨道运动，所以它无法解释这样的实验；但新的微观力学对粒子运动的解释类似现代光学解释光波的传播，从这个角度来说，我们刚才观察到的现象就很好理解了。

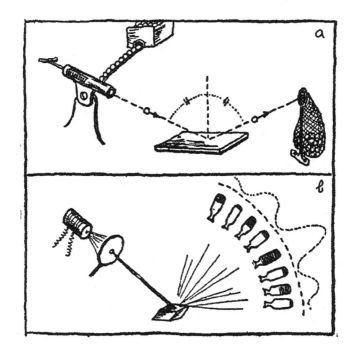

图56
（a）能用轨道概念解释的现象（金属板反射弹珠）
（b）不能用轨道概念解释的现象（晶体反射钠原子）

第七章 现代炼金术

1 基本粒子

各种化学元素的原子实际上都是大量电子绕核旋转形成的相当复杂的力学系统，知道了这一点以后，我们难免会问，那么原子核就是不可分割的最基本的物质单位吗？还是说它仍能进一步分割成更小、更简单的部件？92 种不同的原子是否有可能进一步拆分成几种非常简单的粒子？

出于这种对简洁的追求，早在 19 世纪中期，一位名叫威廉·普劳特（William Prout）的英国化学家就提出了一套假说：所有化学元素的原子本质上完全相同，它们其实都是氢原子不同程度的"聚合"产物。普劳特的假说基于一个事实：各种元素的化学原子质量都很接近氢原子的整数倍。按照普劳特的说法，氧原子的质量是氢原子的 16 倍，所以它一定是由 16 个氢原子紧密组合在一起而形成的。以此类推，原子量 127 的碘由 127 个氢原子组成，如此等等。

但是这套大胆的假说却无法解释当时人们实际观察到的化学现象。如果对原子质量进行精确的测量，我们很容易发现，大多数原子的质量并不是氢原子的整数倍，只是非常接近整数；甚至有一小部分元素的原子量和整数相去甚远（比如说，氯的原子量是 35.5）。这样的事实与普劳特的假说格格不入，所以人们始终不太相信他的理论，直至普劳特去世，他也不知道自己有多接近真相。

直到 1919 年，英国物理学家 F.W. 阿斯顿（F.W.Aston）发现，普通的氯其实是一种混合物，它由两种化学性质完全一致但原子量各不相同且均为整数（分别是 35 和 37）的氯原子组成，普劳特的假说才重新焕发了生机。从化学意义上说，非整数的 35.5 代表的只是混合氯的平均原子量。[1]

对各种元素的进一步研究揭示了一个惊人的事实：大部分元素都是由化学性质完全相同但原子量有所差异的不同原子组成的混合物。这些相似的原子在元素周期表中占据的位置也完全相同，所以它们被命名为同位素。[2] 所有同位素的质量都是氢原子质量的整数倍，被遗忘的普劳特假说由此获得了新生。正如我们在上一章中介绍过的，原子的质量主要集中在原子核内，那么我们用现代语言重新组织一下，普劳特的假说应该表述为：不同种类的原子核由数量不等的基本氢原子核组成，氢原子核在物质结构中拥有如此特殊的地位，所以我们将之命名为"质子"。

不过，对于上面这段描述，我们还需要做一个重要的

---

1. 较重的氯原子整体占比 25%，剩余的 75% 是较轻的氯原子，所以氯的平均原子量必然是：$0.25 \times 37 + 0.75 \times 35 = 35.5$，正好等于之前化学家观察到的值。

2. 同位素（isotope）这个词源自希腊语，在希腊语中，"ισος"的意思是"相同"，而"τοπος"代表"位置"。

修正。以氧原子核为例，由于氧是自然序列中的第八种元素，所以氧原子必然包含 8 个电子，它的原子核也必然携带 8 个基本正电荷。但氧原子的质量是氢原子的 16 倍。这样一来，如果我们假设氧原子核由 8 个质子组成，那么它的电荷数倒是没问题，但质量却对不上（二者都是 8）；如果氧原子核由 16 个质子组成，那质量对了，电荷数却又错了（都是 16）。

显然，要解决这个难题，唯一的办法就是假设组成复杂原子核的部分质子失去了正电荷，所以它呈电中性。

早在 1920 年，卢瑟福就提出了这种不带电质子（现在我们称之为"中子"）的存在，不过直到 12 年后，我们才真正找到了这些小家伙。这里必须说的是，我们不应将质子和中子视作两种完全不同的粒子，其实它们更像是电性有所差异的同一种基本粒子，我们称之为"核子"。事实上，我们已经知道，质子可以失去一个正电荷，从而变成中子，得到正电荷的中子又会变成质子。

引入中子作为构造原子核的基本单元，我们前面提到的难题就迎刃而解了。要理解原子量 16 的氧原子核为何只携带了 8 个单位的电荷，我们就必须接受一个事实：氧原子核由 8 个质子和 8 个中子组成。以此类推，碘的原子序数是 53，原子量是 127，所以它由 53 个质子和 74 个中子组成；更重的铀原子核（原子量 238，原子序数 92）由 92

个质子和 146 个中子组成。[1]

　　因此，在诞生了差不多一个世纪以后，普劳特的大胆假说终于得到了应得的认可。现在我们或许可以说，尽管已知的物质千姿百态，种类多不胜数，但追根溯源，它们其实都是两种基本粒子的不同组合：1.核子，物质的基本粒子，它可能是电中性的，也可能携带一个正电荷；2.电子，自由负电荷（图 57）。

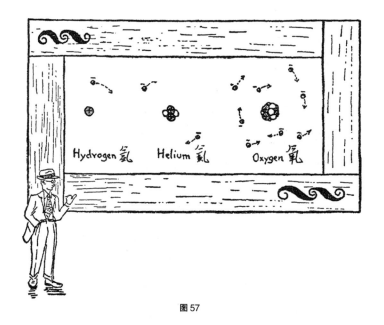

图 57

---

1. 对照元素的原子量和原子序数，你会发现，周期表最前面的那些元素原子量通常是原子序数的 2 倍，这意味着它们的原子核包含的质子和中子数量相等。不过对于更重的那些元素来说，原子量增长的速度比原子序数更快，这意味着它们包含的中子多于质子。

下面我们从"物质烹饪全书"中摘录几个菜谱，看看宇宙厨房如何从装满核子与电子的储藏室里取出原料，制造出各种菜肴：

　　水。准备大量氧原子，用 8 个电中性的核子和 8 个带正电的核子拼成一个原子核，然后把它装进 8 个电子组成的信封，一个氧原子就做好了。准备 2 倍数量的氢原子，这种原子制造起来比较简单，只需要将 1 个电子贴在一个带正电的核子上就好。给每个氧原子配 2 个氢原子，混合之后我们就得到了一堆可以装在大玻璃杯里端上桌的冰冷的水分子。

　　食盐。用 12 个电中性核子和 11 个带电核子组成钠原子核，然后用 11 个电子将它裹好，钠原子就做好了。准备等量的氯原子，它的原子核由 18 个或者 20 个（同位素）电中性的核子和 17 个带电核子构成，每个原子核配备 17 个电子。将钠原子和氯原子排列在三维棋盘格里，我们就得到了普通的食盐晶体。

　　TNT。用 6 个中性核子和 6 个带电核子组成原子核，加入 6 个电子，制造出碳原子。再用 7 个中性核子、7 个带电核子和 7 个电子拼成氮原子。氧原子和氢原子的制造方法如上所述（见"水"词条）。将 6 个碳原子排成环状，第 7 个碳原子贴在环外面。给碳环上的 3 个碳原子分别贴上一对氧原子，别忘了在氧和碳之间加 1 个氮原子。将 3 个氢原子贴在孤零零留在环外的那个碳原子上，再给环内空闲的 2 个碳原子各添加 1 个氢原子。将制造出的分子排列成规律的图样，形成大量细小的晶体，然后把所有晶体压紧。处理的时候请务必小心，因为这样的结构很不稳定，极易爆炸。

虽然我们刚才已经看到，中子、质子和带负电的电子足以构成任何物质，但这份基本粒子的名单似乎不太完善。事实上，如果普通电子代表的是自由负电荷，那为什么就没有自由正电荷，或者说正电子呢？

其实自然界中的确存在正电子，它和带负电的普通电子十分相似，只是电性相反。带负电的质子也可能存在，只是目前物理学家还没有探测到这种粒子。[1]

在我们的物理世界里，正电子和负质子（如果存在的话）之所以不像负电子和正质子那么常见，是因为这两组粒子互相"拮抗"。大家都知道，如果两个电荷的电性相反，那么它们一旦发生接触就会互相抵消。因此，既然正电子和负电子分别代表正负自由电荷，那么在同一片空间区域中，二者必然无法共存。事实上，一旦正电子和负电子相遇，二者的电荷必然互相抵消，这两个电子也就不再是独立的粒子。不过，这样的湮灭会在二者相遇的位置产生强烈的电磁辐射（γ 射线），这道射线携带着两个消失粒子的

1. 1933 年，保罗·狄拉克预言了反质子的存在；1955 年，埃米利奥·塞格雷和欧文·张伯伦通过粒子加速器发现了反质子，他们二人也因此获得了 1959 年的诺贝尔物理学奖。——译注

能量。根据物理学的一条基本定律，能量既不会凭空产生，也不能被消灭，我们在这里看到的只是自由电荷携带的静电势能转化成了辐射波的电动能。玻恩教授[1]将正负电子相遇产生的湮灭现象比作"狂热的婚姻"，而布朗教授[2]阴郁地将之描述为"双双自杀"。图58a描绘了这样的相遇。

两个电性相反的电子"湮灭"的过程与强伽马射线看似凭空"创造"一对电子的过程互为镜像。我们之所以说"看似凭空创造"，是因为这样的新生电子对实际上源自γ射线提供的能量。事实上，要形成这样的电子对，γ射线消耗的能量完全等于湮灭过程释放的能量。γ射线经过原子核附近"创造"电子对的过程[3]（如图58b所示）。虽然这对电性相反的电子似乎是从本来不带电的空间中凭空冒出来的，但只要想想硬橡胶棒摩擦羊毛产生正负电荷的实验，我们就不用过于惊讶。只要有足够的能量，我们就能制造出任意数量的正负电子对，不过别忘了，这些电子对很快就会互相湮灭，将它们消耗的能量"分文不少"地释放出来。

"宇宙射线簇射"现象就是这样一个"批量制造"电子对的有趣案例，来自星际空间的高能粒子流穿过地球大

---

1. M. 玻恩，《原子物理学》（*Atomic Physics*, G. E. Stechert & Co., New York, 1935）。

2. T.B. 布朗，《现代物理》（*Moden Physics*, John Wiley & Sons, New York, 1940）。

3. 虽然从理论上说，电子对形成的过程也可能发生在完全空旷的空间中，但原子核周围的电场的确有助于电子对的形成。

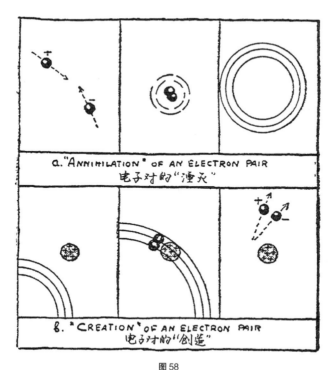

图 58

电性相反的两个电子"湮灭"释放电磁波,和一道波经过原子核附近"创造"一对电子的示意图

气,就会产生宇宙射线簇射。虽然广袤的宇宙空间中为什么会有这么多方向各异的宇宙射线,这仍是个未解的科学之谜,[1] 但我们倒是基本搞清楚了这些带电粒子以极高的速

---

1. 这些高能粒子的运动速度可达光速的 99.9999999999999%,它们到底来自何方,最漫无边际但同时可能也最接近真相的解释或许应该是,飘浮在宇宙空间中的巨型气团和尘埃云(星云)蕴含的极高电势帮这些粒子完成了加速。事实上,星际"云团"加速带电粒子的原理可能类似地球上的普通雷雨云制造闪电,只不过前者制造的电势差比后者大得多。

度击中上层大气时会发生什么。初始高速电子与大气原子的原子核以极近的距离擦肩而过，在这个过程中，它携带的能量会沿着运动轨道以 γ 射线的形式向外释放（图 59）。接下来，γ 射线制造出无数电子对，这些新形成的正负电子继续沿着初始电子的轨迹高速运动。次级电子携带的大量

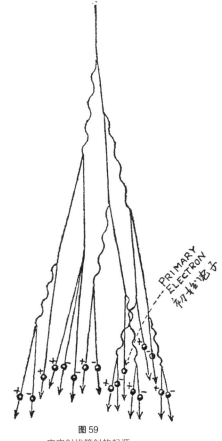

图 59
宇宙射线簇射的起源

能量又催生了更多γ射线，进一步制造出更多的新电子对。这样的过程在大气层中不断重复，等到初始电子终于抵达海平面的时候，它的周围簇拥着大量次级电子，其中一半带正电，另一半带负电。不用说，高速电子穿过更厚重的物体时也会产生类似的宇宙射线簇射，在这种情况下，由于该物体密度大于空气，所以"电子分岔"发生的频率也高得多（见照片ⅡA，p.396）。

现在我们将注意力转移到可能存在的负质子上，这种粒子可能是由中子得到一个负电荷或失去一个正电荷而形成的。很容易理解，和正电子一样，负质子也无法在普通物质中存留太长时间。事实上，负质子一旦形成就会立即被离它最近的带正电的原子核吸收，进入原子结构以后，它很可能会变成中子。因此，哪怕普通物质中真的存在这种能让现有基本粒子名录变得更对称的负质子，我们也很难探测到它。别忘了，从科学家提出普通负电子的概念到他们真正发现正电子，中间隔了近半个世纪。假如负质子真的存在，那么或许也存在——我们暂且这么叫它——反原子和反分子。它们的原子核由普通中子和负质子构成，周围环绕着正电子。这些"反"原子的性质应该和普通原子完全一致，我们完全无法分辨反水、反黄油或者其他任何反物质与正常物质有何区别——除非将它们放到一起。普通物质和反物质一旦相遇，它们携带的电性相反的电子立即就会互相湮灭。与此同时，电性相反的核子也将互相中和、失去电荷，最终制造出威力不亚于原子弹的爆炸。据我们所知，宇宙中可能存在由反物质构成的行星系，如果将一块来自太阳系的普通石头扔进反星系，或者反之，那么这块石头一落地就会变成原子弹。

说到这里，我们必须暂时放下关于反原子的狂想，转而探究另一种基本粒子。它的怪异程度可能不亚于反物质，更重要的是，我们在诸多可观察的物理过程中发现了它的身影——它就是所谓的"中微子"。尽管有人说，中微子是"走后门"进入物理世界的，也有不少人哭天喊地地拒绝承认它的存在，但事到如今，中微子已经在基本粒子的大家庭里站稳了脚跟。科学家发现、确认中微子的过程是现代科学史上最激动人心的侦探故事之一。

中微子的存在是用数学中的"归谬法"反推出来的。这个激动人心的成就并非始于人们发现了什么东西，而是我们发现某些物理过程中少了一些东西。这些"少了的东西"就是能量。根据一条最古老、最无可动摇的物理定理，能量既不能被创造，也不能被摧毁；既然我们发现本应存在的能量少了一部分，那么必然有一个（或者一群）小偷把它偷走了。思维严谨的科学侦探热爱给事物起名字，所以他们将这些能量小偷命名为"中微子"，虽然他们连这家伙的影子都还没看到！

不过这都是后面的事了，我们还是先来看眼前的"能量大劫案"：如前所述，每个原子的原子核都由核子组成，大约一半核子是电中性的（中子），其余的携带正电荷。如果加入几个多余的中子或质子，打破原子核内质子和中子的相对数量比[1]，原子核携带的电荷必然做出相应的调整。要是原子核内的中子过多，那么部分中子会向外释放一个负电子，从而变成质子；如果多的是质子，那么部分质子会释放一个正电子，变成中子。这两种过程如图60所示。原子核调整电荷的过程通常被称为"β衰变"。这个过程释放的电子叫作β粒子。原子核的内部转化遵循严格的过程，它向外释放的电子必然携带一定量的能量，所以我们顺理成章地认为，同一种物质释放的β电子运动速度必然完全

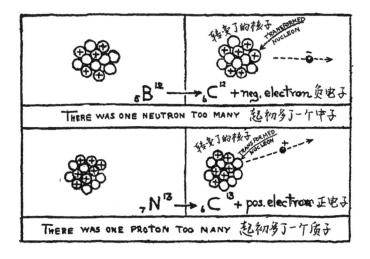

图60
正负 β 衰变示意图（为了方便起见，我们将所有核子画在一个平面上）

---

1. 这个过程可以通过本章后面介绍的轰击原子核的方法来实现。

相同。但是我们实际观察到的β衰变却完全不是这样。事实上，人们发现，同一种物质释放的β电子携带的能量各不相同，它可以是零到某个确定上限之间的任何值。由于我们没有发现其他粒子或射线，所以β衰变中的"能量失窃案"就成了一个严重的问题。

人们一度相信，这是能量守恒定律失效的第一个实验证据，如果真是这样的话，结构精妙的物理大厦必将迎来一场浩劫。但还有一种可能性：也许缺失的那部分能量其实是被一种新的粒子带走了，这种神秘的粒子逃过了我们的所有观测手段。泡利（Pauli）提出，这种窃取核能量的"巴格达大盗"[1]可能是一种名叫中微子的假想粒子，它不携带电荷，质量小于普通电子。事实上，根据高速粒子与物质相互作用的已知事实，我们可以得出结论，现有的任何物理装置都无法探测到这种不带电的轻粒子，它能够轻而易举地穿透任何物质。要阻挡可见光，一层薄薄的金属膜足以胜任；对于穿透力更强的X射线和γ射线来说，几英寸厚的铅能够显著降低它们的强度；但中微子束却能轻松穿过几光年厚的铅层！难怪我们无论如何都观察不到中微子，但这种粒子的逃逸造成的能量赤字却泄露了它的行踪。

不过，尽管我们无法探测离开原子核的中微子，但科学家想出了一个办法来研究中微子的逃逸带来的次级影响。

---

1. 《巴格达大盗》（*The Thief of Bagdad*）是1940年的一部著名电影。——译注

如果你扣动步枪的扳机，枪托会对你的肩膀产生后坐力；沉重的炮弹离开炮膛以后，炮身也会向后滑动；以此类推，高速粒子离开原子核时应该也会产生类似的后坐效应。事实上，观测结果表明，发生β衰变的原子核总会获得一个与其释放的电子方向相反的速度。除此以外，科学家还发现，无论衰变产生的电子速度是快是慢，原子核获得的反冲速度总是恒定不变（图61）。这看起来十分奇怪，因为我们很自然地认为，速度快的子弹产生的反冲力肯定大于速度慢的。之所以会出现这种奇怪的现象，是因为除了电子以外，原子核还向外释放了一个中微子，它就是造成能

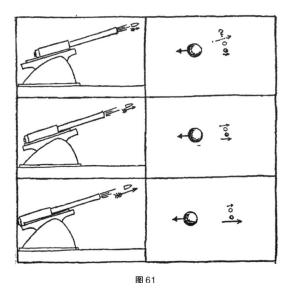

图61
弹道学与核物理学的后坐问题

量赤字的罪魁祸首。高速电子会带走大部分能量，相应的中微子速度就比较慢，反之亦然，所以我们看到，原子核获得的反冲速度恒定，因为这是两种粒子共同产生的影响。如果这种效应还不足以证明中微子的存在，那我们就真的束手无策了！[1]

现在我们可以总结一下构成宇宙的基本粒子到底有哪些，它们之间又有什么关系。

首先是核子，它代表基本的物质粒子。据我们目前所知，核子要么是电中性的，要么带正电，但也可能存在带负电的核子。

然后是电子，它代表自由的正负电荷。

接下来是神秘的中微子，它不带电，而且比电子轻得多。[2]

最后是电磁波，空间中的电磁力借助电磁波传播。

物理世界里的这些基本部件相互依赖，以各种方式结合在一起。因此，中子可以释放一个负电子和一个中微子，变成一个质子（中子→质子＋负电子＋中微子）；质子也可以释放一个正电子和一个中微子，重新变成一个中子（质子→中子＋正电子＋中微子）。两个电性相反的电子可以转化成电磁辐射（正电子＋负电子→辐射），反过来说，辐射也能创造一对电子（辐射→正电子＋负电子）。最后，中

---

1. 1956 年，弗雷德里克·莱因斯在《科学》杂志上发表了他对中微子的观测结果，1995 年，他因这一发现荣获诺贝尔物理学奖。——译注

2. 这方面最新的实验证据表明，中微子的质量还不到电子的 1/10。

微子能与电子结合，形成我们在宇宙射线中观察到的不稳定的介子，它还有一个不太恰当的名字，"重电子"（中微子＋正电子→正介子；中微子＋负电子→负介子；中微子＋正电子＋负电子→中性介子）。

中微子和电子的结合体携带大量内能，所以它的质量大约是两种粒子质量之和的 100 倍。

我们在图 62 中列出了组成宇宙结构的基本粒子示意图。

"不过这就算结束了吗？"你或许会问，"我们凭什么宣称核子、电子和中微子就是真正的基本粒子，无法再分割成更小的组件？要知道，仅仅半个世纪以前，我们还以为原子不能再分割了呢！瞧瞧今天的原子结构有多复杂！"我们当然无法预测物理学未来的发展，不过现在，我们有充分的理由相信，核子、电子和中微子就是真正的基本粒子，它们无法进一步分割。因为从化学、光学和其他角度来看，曾经被认为不可分割的原子性质相当复杂，而且各不相同，但现

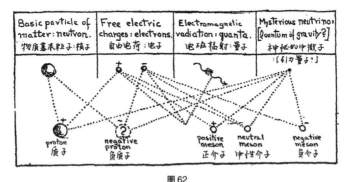

图 62

现代物理学的基本粒子名录以及这些基本粒子形成的各种组合

代物理学的基本粒子性质非常简单；事实上，它们和几何意义上的点一样简单。此外，经典物理学中"不可分割的原子"种类繁多，但现在我们只有三种基本粒子：核子、电子和中微子。尽管科学家付出了极大的努力，试图揭示万物最简单的本质，但他们终究不能化有为无。因此，我们对物质基本元素的探索之路似乎真的走到了尽头。[1]

2 原子之心

既然我们已经全面认识了参与构造物质的基本粒子的特征和性质，那么现在，我们或许可以开始更深入地研究原子核，它是每个原子的心脏。从某种程度上说，原子的外层结构类似微型行星系，但原子核本身的内部结构却完全是另一幅图景。首先我们必须明确一件事：将原子核的各个部件结合在一起的力绝不仅仅是电磁力，因为组成原子核的粒子有一半（中子）完全不带电，而另一半（质子）携带正电，所以后者必然互相排斥。如果这些粒子之间只存在斥力，那它们肯定没法组成稳定的结构！

因此，要理解原子核内的各个组件为何能结合在一起，我们必须假设这些粒子之间存在另一种力，而且它是一种

1. 20世纪下半叶，随着实验和量子场论的进展，科学家进一步发现，质子、中子和介子由更基本的夸克和胶子组成，除此以外，他们陆续发现了性质类似电子的一系列轻子，还有性质类似光子、胶子的一系列规范玻色子，截至2018年，这些才是现代物理学所理解的基本粒子。——译注

能够同时作用于带电和不带电核子的引力。这种无视粒子本身特性的引力通常被称为"内聚力"（cohesive force），比如说，普通液体分子就是靠内聚力结合在一起的，所以它们才不会四下飞散。

　　原子核内部的独立核子之间也存在类似的内聚力，所以原子核才不会被质子之间的斥力拆散。这样一来，在内聚力的作用下，原子核内的核子像罐头里的沙丁鱼一样紧紧挤在一起；而原子核外又是另一番景象：核外的电子分为好几层，每个电子都有充足的活动空间。本书作者首次提出了一个观点：我们可以认为原子核内部的组件排列方式类似普通液体分子。和普通液体一样，我们在原子核里也看到了重要的表面张力现象。或许你还记得，液体之所以会产生表面张力，是因为液体内部的粒子同时受到各个方向邻居的拉力，而表面的粒子受到的只有指向液体内部的拉力（图 63）。

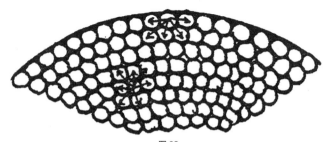

图63
解释液体的表面张力

这样一来，不受外力作用的液滴总是倾向于形成理想球体，因为在体积相同的情况下，球体的表面积最小。所以我们得出结论：或许可以将不同元素的原子核简单地视为性质相似但尺寸各异的"核液体"液滴。不过别忘了，虽然从定性的角度来说，核液体的性质类似普通液体，但从定量的角度去看，二者却相去甚远。事实上，核液体的密度超过了水的 240,000,000,000,000 倍，所以它的表面张力大约是水的 1,000,000,000,000,000,000 倍。为了帮助你理解这组大得离谱的数字，我们不妨举个例子。假设我们用金属丝弯一个大致呈倒 U 形的框子，面积约为 2 平方英寸，如图 64 所示，然后用一根直的金属丝把它的底边封起来，用肥皂水在框里涂一层膜。皂液膜的表面张力会将下面那根金属丝向上拉，为了平衡表面张力，我们或许可以在这根横置的金属丝下面挂一个小砝码。如果皂液膜是普通肥皂溶于水制成的，厚度为 0.01 毫米，那么这层膜自重约 0.25 克，它能承受的总质量大约是 0.75 克。

现在，假设我们能用核液体涂一层膜，那么它的自重将高达 5000 万吨（大约相当于 1000 艘远洋客轮），金属丝能够承受的砝码质量约为 1 万亿吨，差不多相当于火星的第二颗卫星"得摩斯"！想用核液体吹个肥皂泡，你的肺活量一定很惊人！

要将原子核视为核液体形成的小液滴，我们不能忽视一个重要的事实：这些液滴带电，因为组成原子核的粒子

图64

大约有一半是质子。质子之间的电斥力总是试图将原子核拆散，而表面张力又将这些粒子凝聚在一起，两种力相互对抗，这就是原子核不稳定的主要原因。如果表面张力占据了上风，原子核就绝不会自行分裂，而且一旦两个原子核发生接触，它们总是倾向于合为一体（聚变），就像普通的液滴一样。

从另一方面来说，如果电斥力获得了优势，那么原子核就很容易自发分裂成两个或多个部件，以极高的速度四下飞散，这样的分裂过程通常被称为"裂变"。

1939 年，玻尔和惠勒（Wheeler）精确计算了不同元素原子核内表面张力和电斥力的平衡状态，由此得出一个重要结论：周期表前半部分（大约到银为止）所有元素的原子核都是表面张力占上风，而对于那些更重的原子核来说，电斥力更具优势。因此，重于银的所有元素原子核都不稳定，在足够强的外力作用下，这些原子核会分裂成两个或者更多部件，同时释放出可观的核能（图 65b）。反过来说，轻于银的两个原子核一旦靠近就有可能自发地产生聚变（图 65a）。

不过我们必须记住，无论是轻原子核的聚变还是重原子核的裂变在正常情况下都不会发生，除非我们对它施加影响。事实上，要让两个轻原子核发生聚变，我们必须设法克服二者之间的电斥力，让它们紧紧地靠在一起；而要让重原子核发生裂变，我们必须施加一个足够强大的外力，让它产生大幅振动。

这种需要起始激励才会发生特定物理过程的状态被称为亚稳态，悬崖上方摇摇欲坠的岩石、你兜里的火柴和炸弹里的 TNT 火药都处于亚稳态。在这种情况下，大量能量

196

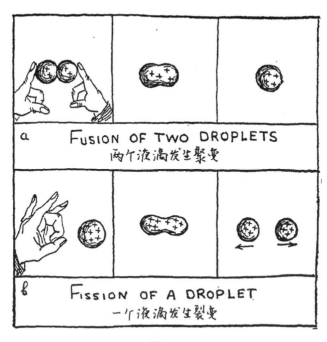

图 65

蓄势待发，但要让石头滚落山崖，你必须推它一下；要点燃火柴，你得用鞋底或者别的什么东西摩擦它；要引爆火药，你应该点燃引线。事实上，在我们生活的这个世界里，除了银币[1]以外的所有物体实际上都可能发生核爆炸，这个世界之所以还没有被炸成碎片，是因为核反应的起始条件非常苛刻，或者更科学地说，是因为核反应需要极高的能量才能激活。

---

1. 请记住，银原子核既不会发生聚变也不会发生裂变。

鉴于核能的存在，我们的处境（或者更确切地说，不久前我们的处境）就像生活在零下温度环境中的因纽特人。他们周围唯一的固体是冰，唯一的液体是酒精。因纽特人从来不知道火为何物，因为摩擦冰块永远都起不了火；在他们心目中，酒精也不过是令人愉悦的饮料而已，因为他们无法将酒精加热到燃点温度以上。

我们新发现的大规模释放原子内部能量的过程给人类带来的震撼不亚于因纽特人第一次看见酒精灯。

不过，只要克服了启动核反应的障碍，我们也将得到相应的丰厚回报。以氧原子和碳原子的结合为例，等量氧原子和碳原子化学合成的方程式如下：

$O + C \rightarrow CO +$ 能量

在这个过程中，每克碳氧混合物将释放出 920 卡[1] 能量。

如果我们抛弃这种合成分子的化学手段（图 66a），改用炼金术（聚变）迫使这两个原子核合为一体（图 66b）：

$_6C^{12} + _8O^{16} = _{14}Si^{28} +$ 能量

那么每克混合物将释放出 14,000,000,000 卡能量，相当于前者的 15,000,000 倍。

同样地，将一个 TNT 复合分子通过化学方法分解成水、一氧化碳、二氧化碳和氮（分解分子），每克物质大约会释放 1000 卡能量，而相同重量的汞在核裂变中将释放出

---

1. 热量单位"卡"定义为 1 克水升温 1 摄氏度所需的能量。

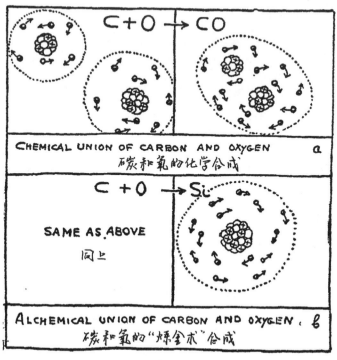

图 66

10,000,000,000 卡能量。

　　不过千万别忘了，大部分化学反应要求的反应条件最多不过几百度，而核反应的起始温度可能高达几百万度！正是因为核反应的起始条件如此苛刻，我们才能放宽心过日子，整个宇宙也不会在一场惊天动地的爆炸中变成一大块银子。

3 轰击原子

虽然原子质量的整数特性为原子核的复杂结构提供了有力的证据，但要彻底证明原子核的确拥有这样的复杂结构，我们必须设法将原子核分解成两个或者更多的独立部件，才能获得最直接的证据。

50 年前（1896 年），贝可勒尔（Becquerel）发现了放射性的存在，我们由此第一次看到了分裂原子的可能性。事实上，人们发现，靠近元素周期表尽头的元素（例如铀和钍）释放的高穿透性射线（类似普通 X 射线）来自原子缓慢的自发衰变。科学家深入研究了这些新发现的现象，很快得出结论：重原子核会自发衰变，分裂成两个相差悬殊的部件。（1）其中一个部件非常非常小，人们称之为 α 粒子，其实它就是氦原子核；（2）失去 α 粒子的原子核残骸成了新形成的子元素原子核。初始铀原子核分裂释放 α 粒子，残余的子元素原子核被称为铀 X₁；后者经历了内部电荷调整过程以后会释放 2 个自由负电荷（普通电子），变成铀同位素的原子核，它比初始的铀原子核轻 4 个单位。接下来，释放 α 粒子的裂变过程和释放电荷的调整过程循环重复，最终我们得到了铅，这种元素的原子核看起来十分稳定，不会继续衰变。

我们在另外两组放射性元素中也观察到了这种交替释放 α 粒子和电子的连续放射性反应：以重元素钍为首的钍

系元素和以锕－铀为首的锕系元素。[1]这三组元素都会自发衰变，最终只剩下铅的三种同位素。

对照前文，我们刚才介绍的自发放射衰变可能会让好奇的读者深感惊讶。我们之前说过，周期表后半部分所有元素的原子核都不稳定，因为它们内部的电斥力超过了凝聚原子核的表面张力。既然所有重于银的原子核都不稳定，那么自发衰变的为什么只有铀、镭、钍这几种最重的元素？答案是这样的：虽然从理论上说，重于银的所有元素都应该被视为放射性元素，而且它们的确会缓慢衰变成更轻的元素；但在大多数情况下，这种自发衰变的速度极慢，我们根本不会注意到它的存在。因此，我们熟悉的碘、金、汞、铅等元素可能要过好几百年才有一两个原子发生衰变，这样的速度实在太慢，哪怕是最灵敏的物理设备也无法探测到它的存在。只有那些最重的元素才有足够强的自发衰变趋势，因此它们才会表现出明显的放射性。[2]这种相对转化率还决定了特定不稳定原子核分裂的方式。比如说，铀原子核分裂的方式有好几种：它可能自发分裂形成两个完全相同的部分，也可能分裂成三个相同部分，还可能分裂成好几个大小各异的部分。其中最容易发生的是铀原子核分裂成一个 α 粒子和一个子元素原子核，所以这种裂变出现的频率最高。观察结果表明，铀原子核释放一个 α 粒子

---

1. 目前化学界将钍、锕、铀等 15 种放射性元素都归为锕系元素。——译注

2. 以铀为例，每克铀中每一秒都有几千个原子发生衰变。

的概率比它自发分裂成两半的概率高一百万倍左右，所以在 1 克铀里，每一秒都有上万个原子核分裂释放一个 α 粒子，但要观察到一个原子核裂成两半的自发衰变，我们得耐心等待好几分钟！

放射性现象的发现确凿无疑地证明了原子核结构的复杂性，也为我们开辟了人工制造（或者引发）核反应的道路。我们不禁要问：既然特别不稳定的重元素原子核有可能自发衰变，那么我们能不能用高速运动的核粒子轰击其他普通的不稳定元素，利用足够强大的力量把它们撞碎？

为了回答这个问题，卢瑟福决定用不稳定放射性原子核自发衰变产生的核碎片（α 粒子）密集轰击各种普通稳定元素的原子。1919 年，卢瑟福在第一次核反应实验中使用的设备如图 67 所示，和今天的物理实验室用来轰击原子的巨型设备相比，卢瑟福的工具真是简单到了极点。它的主

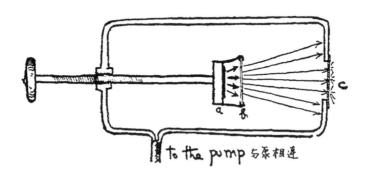

图 67
第一次分裂原子

体是一个抽真空的圆筒，底部开了一个小洞，上面蒙着一层荧光材料制成的薄屏（c）。轰击原子的α粒子来自放置在金属板上的一小撮放射性物质（a），被轰击的元素（这里用的是铝）制成了一张金属箔（b），安放在一定距离以外。金属箔靶子以一种特殊的方式安放，入射的所有α粒子都会嵌在上面，所以它们绝不会点亮荧光屏。除非轰击导致靶标材料释放出次级核碎片，否则荧光屏将始终保持黑暗。

所有设备就位以后，卢瑟福通过显微镜观察荧光屏，结果看到了一幕绝不同于黑暗的动人景象。整块荧光屏的表面闪烁着无数星星点点的光芒！每个光点都是由一个质子撞击荧光材料而产生的，而每个质子都是入射α粒子从靶标铝原子里轰出来的"碎片"。就这样，人工转化元素的过程从理论上的可能性变成了不容置疑的科学事实。[1]

卢瑟福完成这项经典实验之后的几十年里，人工转化元素的科学成为物理学领域最大、最重要的一个分支，科学家制造高速粒子以轰击原子核的技术和观察实验结果的方式都取得了长足的进步。

云室（又叫"威尔逊云室"，这个名字来自它的发明者）是我们用肉眼观察粒子轰击原子核的最理想的设备。它的示意图见图68。云室的原理基于一个事实：快速运动

---

1. 上述过程可以表达为下面这个方程式：$_{13}Al^{27} + _2He^4 \rightarrow _{14}Si^{30} + _1H^1$。

的带电粒子（例如 α 粒子）穿过空气或其他任何气体时，会导致沿途的原子产生一定程度的畸变。这些粒子携带的强电场会剥夺行经路线上气体原子的一个或几个电子，留下大量离子化的原子。这样的状态不会维持太长时间，高速粒子离开后，离子化的原子很快就会重新捕获失去的电子，恢复正常状态。不过，如果离子化的气体内部充盈着饱和水蒸气，那么每个离子周围都会形成微小的液滴——这是水蒸气的一种特性，它很容易凝聚在离子、尘埃等微粒上——沿着高速粒子的运动轨迹产生一缕薄雾。换句话说，我们可以通过这种方式看到带电粒子穿过气体的轨迹，就像飞机在空中拉出的烟带。

云室的技术原理相当简单，它的主要部件是一个带活

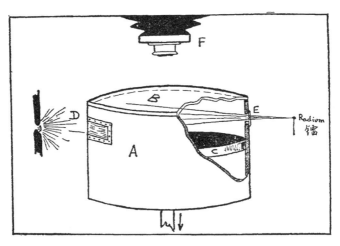

图 68
威尔逊云室示意图

塞（C）和玻璃盖（B）的金属筒（A），活塞可以上下运动，不过推动它的装置我没有画出来。玻璃盖与活塞表面之间充满了含有大量水蒸气的普通空气（如果你愿意的话，也可以换成其他任何气体）。高速粒子通过窗口（E）进入云室后，如果我们立即向下拉动活塞，那么活塞上方的空气也将随之冷却，于是水蒸气开始沿着粒子的运动轨迹凝结形成一缕缕薄雾。透过筒壁窗口（D）的强光和黑色的活塞表面交相映衬，所以我们可以直接用肉眼清晰地看到这些薄雾，或者用相机（F）把它拍摄下来，相机快门由活塞开关自动触发。这套简单的装置是现代物理学中最有价值的设备，它帮助我们拍下了高速粒子轰击原子核的美丽照片。

科学家自然希望能设计一种方法，利用强电场加速各种带电粒子（离子），从而制造出强有力的粒子束。这不光能节省昂贵稀有的放射性材料，还让我们有可能利用其他种类的核粒子（例如质子），获得比普通放射性衰变更高的动能。制造密集高速核粒子束的重要设备包括静电发生器、回旋加速器和直线加速器，它们的原理和简介请见图69、70和71。

利用上述几种电加速器制造各种强大的核粒子束，让它们轰击各种材料的靶标，我们就能制造出大量核反应，然后通过云室拍摄的照片方便地进行研究。在照片Ⅲ和Ⅳ（p.397、p.398）中，我们列出了一部分体现各种核反应过程的云室照片。

P.M.S.布莱克特（P.M.S.Blackett）在剑桥拍下了第一

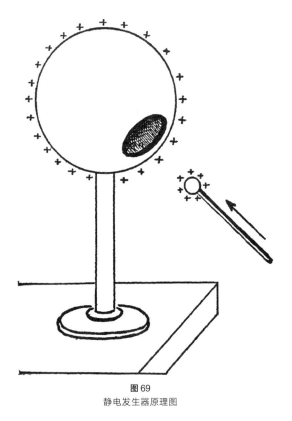

图69
静电发生器原理图

根据众所周知的基本物理学原理，球状金属导体携带的电荷将分布在它的表面上。
所以我们可以在金属球上开一个洞，然后将一小块带电导体伸入球体内，让它从里
面接触金属球的外表面，将电荷一个个送进去，通过这种方式，我们能让金属球的
电势达到任意数值。科学家在实际操作中接入金属球内部的其实是一根连续的导电
带，送入球体的电荷来自一台小变压器

张这样的照片，一束自然产生的 α 粒子穿过充满氮气的云
室。[1] 这张照片让我们第一次看到，粒子的运动轨迹长度有

---

1. 布莱克特的照片（未收入本书）记录的炼金术反应过程可以用这个方程来表达：
   $_7N^{14} + _2He^4 \rightarrow _8O^{17} + _1H^1$。

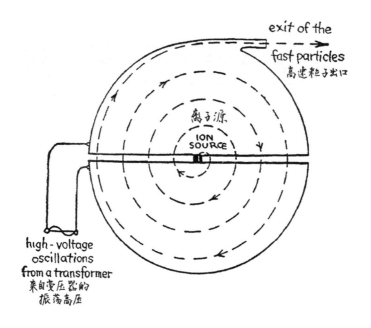

exit of the
fast particles
高速粒子出口

离子源
ION SOURCE

high-voltage
oscillations
from a transformer
来自变压器的
振荡高压

图70
回旋加速器原理图

从本质上说，回旋加速器的主要部件是放置在强磁场（磁场方向垂直于制图面）内的两个半圆形金属盒。一台变压器与两个盒子相连，所以它们交替携带正负电。离子从圆心位置出发，在磁场中作环形运动，每次从一个盒子进入另一个盒子的时候，离子都会被加速。速度越来越快的离子在两个盒子里划出一条螺旋形的运动轨迹，最终以极高的速度离开加速器

限，因为它在穿过气体的过程中会逐渐损失动能，最后完全停下来。两组长度明显不同的运动轨迹代表这束 α 粒子分为能量不同的两组，它们分别来自两种放射源：ThC 和 ThC^1。你或许会注意到，α 粒子的运动轨迹基本是直的，只有在最后快要失去所有初始能量时才略有些偏移，因为这时候遭遇的氮原子核的非正面碰撞更容易导致它发生偏

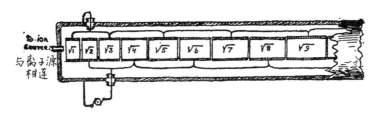

图71
直线加速器原理图

这套装置由一系列长度不断增长的圆筒组成，所有圆筒都与变压器相连，相邻圆筒交替携带正负电。由于电势差的存在，从一个圆筒进入下一个圆筒的离子不断加速，每次加速都会导致它增加一定值的能量。由于离子的速度和能量的平方根成正比，所以只要每个圆筒的长度与其序号的平方根成正比，离子就将始终与交变电场保持同相位。这样的系统只要搭建得够长，我们就能将离子加速到任意速度

折。不过这张照片中最值得注意的是，一条 α 粒子的运动轨迹出现了特殊的分岔，其中一条分叉线长而细，另一条则短而粗。它意味着入射的 α 粒子与云室中的一个氮原子核发生了正面碰撞，细长的线来自氮原子核里被撞出来的质子，而粗短的线来自撞击之后的原子核碎片。我们没有看到代表反弹 α 粒子的第三条线，这说明入射的 α 粒子黏附在氮原子核碎片上，和它一起运动。

在照片 ⅢB（p.397）中，我们可以看到经过人工加速的质子撞击硼原子核的景象。加速器喷嘴（照片中间的黑影）射出的高速质子束轰击放置在开口处的一层硼，产生四下飞散的原子核碎片。这张照片体现了一个有趣的特征：核碎片的轨迹似乎总是三个一组（我们在照片中可以看到这样的两组碎片，其中一组用箭头标了出来），这是因为被

质子击中的硼原子核会分裂成三个相同的部分。[1]

另一张照片ⅢA（p.397）让我们看到了高速运动的氘核（由1个质子和1个中子组成的重氢原子核）撞击靶标氘核的景象。[2]图中较长的轨迹代表质子（$_1H^1$原子核），较短的则是原子量为3的氢原子核，我们称之为氚。

云室相册必须要有中子参与的核反应照片才算完整，因为中子和质子一样是组成原子核的基本结构元素。

但是想在云室照片中寻找中子的轨迹，这样的努力注定徒劳无功；作为"核物理界的黑马"，中子不携带电荷，所以它穿过物质时不会产生离子化现象。但是看到猎人冒烟的枪口和天上掉下来的野鸭，你就知道必然存在一颗子弹，哪怕你看不见它。同样地，看看云室照片ⅢC（p.397），一个氮原子核分裂成了氦（向下的轨迹）和硼（向上的轨迹），你一定会想到，这个原子核肯定是被来自左边的某个看不见的粒子狠狠撞了一下。事实上，要拍出这样的照片，你得在云室左侧壁放一小撮镭和铍的混合物，它们会释放高速中子。[3]

将中子源的位置与氮原子分裂的位置相连，你立即就会看到中子在云室中运动的直线轨迹。

---

1. 该反应方程如下：$_5B^{11}+_1H^1 \rightarrow _2He^4+_2He^4+_2He^4$。

2. 该反应方程如下：$_1H^2+_1H^2 \rightarrow _1H^3+_1H^1$。

3. 这个过程的炼金术反应方程如下：（a）产生中子：$_4Be^9+_2He^4$（来自镭的 α 粒子）$\rightarrow _6C^{12}+_0n^1$；（b）中子撞击氮原子核：$_7N^{14}+_0n^1 \rightarrow _5B^{11}+_2He^4$。

照片 IV（p.398）拍摄的是铀原子核的裂变过程。这张照片的拍摄者是包基尔德（Boggild）、布罗斯特伦（Brostrom）和劳里森（Lauritsen），画面中放在铝箔上的铀层靶标产生了两块飞往相反方向的裂变碎片。当然，引发裂变的中子和裂变产生的中子都没有出现在照片上。电加速粒子轰击原子产生核反应的例子还有很多，不过现在，我们应该讨论另一个更重要的问题：这样的轰击效率如何？别忘了，照片 III（p.397）和 IV（p.398）拍摄的都是单个原子发生裂变的情景，如果要将 1 克硼完全转化成氦，我们就必须击碎这 1 克硼里的 55,000,000,000,000,000,000,000 个原子。目前最强大的电加速器每秒大约能制造 1,000,000,000,000,000 个高速粒子，就算每个粒子都能击碎一个硼原子，那么要完成这项任务，我们的加速器必须运转 5500 万秒，或者说两年。

但各种加速器制造带电核粒子的实际效率比这低得多，而轰击靶标物质的几千个粒子里通常只有一个能成功引发核裂变。轰击原子的效率之所以低得离谱，是因为原子核周围包裹着电子层，这些电子会拖慢带电粒子的运动速度。由于整个原子占据的空间比目标原子核大得多，而且我们没办法直接瞄准原子核，所以每个入射粒子必须穿透众多原子的外层电子，才有机会直接击中一个原子核。图 72 形象地描绘了这一幕场景，图中的实心黑球代表原子核，斜线阴影代表核外电子层。原子的直径大约是原子核的 10,000 倍，所以这两个靶标区域的面积比是 100000000:1。从另一方

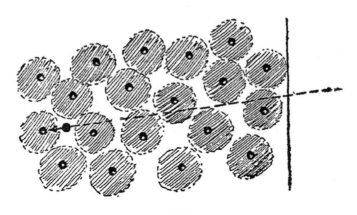

图72

面来说，我们知道带电粒子每穿越一次电子层就会损失万分之一左右的能量，所以穿过大约 10,000 个原子以后，它就会彻底停下脚步。根据这几个数据，我们很容易算出，在被核外电子层剥夺所有初始动能之前，10,000 个高速粒子里大约只有一个有机会击中原子核。考虑到带电粒子引发原子核裂变的极低效率，我们发现，要将 1 克硼彻底转化成氮，一台现代原子对撞机至少得运转两万年！

4 核物理学

"核物理学"这个术语其实很不准确，但和其他很多以讹传讹的词语一样，我们对此毫无办法。既然"电学"描述的是自由电子束应用这个广阔领域的知识，那么以此类推，"核物理学"也应该是一门研究核能大规模释放的应用科学。我们在前几节中已经看到,各种化学元素(除了银以外)的原子核都携带着大量内能,这些能量可以通过聚变(较轻的元素)或裂变(较重的元素)的形式释放出来。我们还知道,人工加速带电粒子轰击原子核的方法虽然的确为各种核反应的理论研究带来了极大的便利,但我们却不能指望大规模实际应用这种方法,因为它的效率实在低得离谱。

既然从本质上说,α粒子、质子等普通粒子之所以效率低下,是因为它们带电,所以它们在穿过原子时会损失能量,因而无法有效靠近靶标材料的带电原子核。那么你肯定觉得,不带电的高速粒子效果应该更好,我们可以用中子轰击各种原子核。但新的问题又冒了出来!因为中子能够轻而易举地穿透原子结构,所以自然界并不存在自由中子;就算我们利用某种入射粒子人为地从原子核中轰出一个自由中子(比如说,α粒子轰击铍原子核就能产生一个中子),它也不会存在太长时间,周围的其他原子核很快就会重新将它捕获。

因此,要制造出轰击原子核的强大中子束,我们必须设法释放某种元素原子核内的所有中子。要达到这个目标,我们又绕回了低效带电粒子的老路。

不过,还有一个办法可以跳出这个怪圈。如果能够设法用中子轰击靶标原子核产生中子,而且每次裂变产生的子代中子数量大于初始中子,那么这些粒子就会像兔子(见

图 97，p.289）或被感染组织内的细菌一样繁殖。一个中子在极短的时间内就能产生数目可观的后代，足以轰击一大块靶标材料的每一个原子核。

正是因为人们发现了这样一种能让中子以几何级数增殖的特殊核反应过程，才引发了物理学领域的一场大爆炸。原本只是研究物质最本质特性的核物理学也因此走出了科学肃静的象牙塔，卷入了报纸头条、狂热的政治讨论、大规模工业生产和军事研发的喧嚣的旋涡。读报的人都知道，铀原子核的裂变会释放出核能（它更常见的名字是"原子能"），直到 1938 年，哈恩（Hahn）和斯特拉斯曼（Strassman）才发现了这种核反应过程。但要是你以为裂变本身（即重原子核分裂成两个大致相同的部件的过程）能够促进核反应的发生，那就大错特错。事实上，裂变产生的两块核碎片都携带大量电荷（每块碎片携带的电荷约等于初始铀原子核的一半），所以它们无法靠近其他原子核；这些碎片很快就会在周围原子的电子层中消耗掉极高的初始能量，进入静止状态，无法制造下一步裂变。

对于可自发持续的核反应来说，裂变过程之所以那么重要，是因为人们发现，原子核裂变产生的每一块碎片在停止运动之前都会释放一个中子（图 73）。

裂变过程之所以会产生这种特殊的余波，是因为重原子核的两块碎片诞生时伴随着剧烈的振动，就像断成两截的弹簧一样。这样的振动不足以引发次级裂变（每块碎片

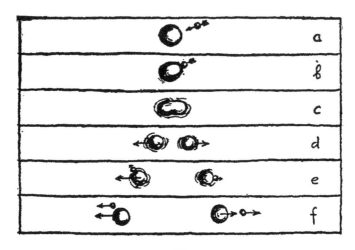

图73
裂变过程的各个阶段

再次一分为二），但却足以导致其内部的某些结构单元与本体分离。我们说每块碎片释放出一个中子，这只是一个统计学角度的笼统说法；事实上，一块碎片有时候会释放出两个甚至三个中子——有时候又一个都没有。当然，每块裂变碎片释放中子的平均数量取决于振动的剧烈程度，而后者又取决于初始裂变过程释放的总能量。正如我们之前看到的，越重的原子核裂变产生的能量越多，那么元素周期表中位置越靠后的原子核裂变碎片产生的中子肯定也越多。这样一来，金原子核裂变（我们还没有实现这个过程，因为它需要的初始能量太高）碎片释放的中子平均数量肯定比 1 小得多，铀核裂变碎片释放中子的平均数约等于 1（每次裂变大约释放 2 个中子），对于那些更重的元素（例如钚）来说，平均每块碎片释放的中子数量可能大于1。

要让中子自发增殖，100个入射中子显然应该制造出100个以上的子代中子。特定种类的原子核在裂变后产生中子的效率，即每次裂变平均生成的中子数量决定了它能否满足这个条件。千万别忘了，虽然中子轰击原子核的效率远高于带电粒子，但也达不到100%。事实上，这样的可能性永远存在：进入原子核的高速中子只将自己的一部分动能传递给了原子核，然后带着剩余的能量逃走了。在这种情况下，中子携带的能量分配给了几个原子核，每个原子核得到的能量都不足以引发裂变。

根据原子核结构的通用理论，我们可以得出一个结论：元素的原子量越大，它释放的中子引发核裂变的效率就越高，周期表尽头的那些元素裂变效率接近100%。

现在我们可以计算两组数据，看看中子增殖的理想情况和不理想情况。（a）假设某种元素高速中子的裂变效率是35%，每次裂变平均制造出1.6个中子。[1] 在这种情况下，100个初始中子将引发35次裂变，产生35×1.6=56个子代中子。我们很容易发现，在这个案例中，中子必将以极快的速度减少，因为子代中子数量大约只有上一代的一半。（b）假设某种更重的元素裂变效率是65%，每次裂变平均制造出2.2个中子。在这种情况下，100个初始中子将引发65

---

1. 我列出这些数字只是为了举例，它并不代表任何一种实际存在的元素。

次裂变，制造出 $65 \times 2.2 = 143$ 个中子。每一代新的中子数量都比上一代多 50% 左右，要不了多久，我们得到的中子就足够击碎样本中的每一个原子核了。这样的过程被称为分支链式反应，能产生分支链式反应的物质叫作可裂变物质。

对分支链式反应的必要条件进行深入的理论和实际研究之后，科学家得出结论：在自然界所有的天然原子核中，只有一种原子核有可能发生这样的反应，它就是著名的轻同位素铀，铀 235，它是唯一一种天然的可裂变物质。

但是自然界中没有纯净的铀 235，它总是以极低的密

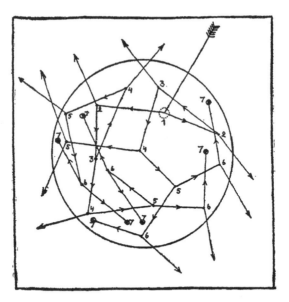

图 74

一个流浪的中子在球状可裂变物质内部引发的原子核链式反应。虽然很多中子在穿过球体表面时被吸收了，但每一代的中子都比上一代更多，最终引发爆炸

216

度掺杂在不可裂变的重同位素铀238里（天然铀中铀235的占比通常只有0.7%，其余99.3%都是铀238）。所以天然铀很难产生链式反应，就像湿木头很难点燃。事实上，正是因为不活跃同位素的稀释作用，极易裂变的铀235才能在自然界中留存下来，不然的话，它们早就在快速链式反应中消耗光了。因此，要利用铀235蕴含的能量，我们要么先将它从更重的铀238中分离出来，要么想个办法抵消铀238的稀释作用，而不必真的将它剔除出去。实际上，在人类释放原子能的过程中，这两条路都有人走过，而且他们都获得了成功。本书不打算详细介绍这方面的技术问题，所以我们只做一些简单的讨论。[1]

从技术上说，直接分离铀的两种同位素非常困难，因为它们的化学性质完全相同，所以普通的化工方法完全没用。这两种原子唯一的区别在于它们的质量，铀238比铀235重1.3%。这意味着我们需要采取一些基于质量分离原子的办法，例如扩散、离心或者利用离子束在电磁场中的偏转。图75a和75b给出了两种主要的分离方法示意图及其简介。

但这些方法有一个共同的缺陷：由于两种铀同位素质量差别不大，我们无法一步到位地彻底分离二者，只能将同样

---

1. 如果读者希望深入了解这方面的知识，请参考塞利格·赫克特（Selig Hecht）的作品《解释原子》（*Explaining the Atom*），这本书于1947年由维京出版社首次出版。尤金·拉宾诺维奇博士（Dr. Eugene Rabinowitch）将修订扩充后的新版本收入了"探索者平装本系列"。

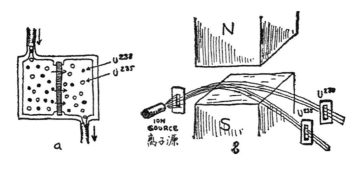

图75

（a）利用扩散的方法分离同位素。包含两种同位素的气体被泵入舱室左侧，然后透过中间的隔层扩散到另一侧。由于较轻的分子向右扩散的速度更快，所以铀235最终会富集到右侧舱室中

（b）利用磁场分离同位素。离子束穿过强磁场的时候，包含较轻铀同位素的分子偏转角度更大。为了保证离子束的强度，我们只能采用较宽的缝隙，所以两道离子束（分别携带铀235和铀238）会部分重叠，两种同位素无法完全分离

的步骤重复无数次，不断提高轻同位素的纯度。不过，只要重复的次数够多，最终我们总能制造出纯度较高的铀235。

更巧妙的办法是让天然铀直接产生链式反应。为了达到这个目标，我们需要借助所谓的慢化剂来人工削弱重同位素的不利影响。要理解这种方式，我们必须记住，铀的重同位素之所以会阻碍链式反应，本质上是因为它会吸收铀235裂变产生的很大一部分中子，从而降低下一步链式反应发生的概率。因此，如果我们能想个办法阻止铀238原子核绑架中子，保证中子能够顺利地撞击铀235原子核、产生裂变，那问题就解决了。乍看之下，阻止铀238原子核吞噬中子似乎不太可能，要知道，它的数量是铀235原子核的140倍。但我们知道，对于不同速度的中子，铀的两种同位素表现出来

的"捕获能力"不尽相同。对于来自裂变原子核的快中子来说，两种同位素捕获它们的能力基本相当，所以铀238捕获的快中子数量是铀235的140倍；如果遇到速度不快不慢的中子，铀238的捕获能力优于铀235；但重要的是，对于那些运动速度极慢的中子，铀235的捕获能力比铀238强得多。这样一来，如果我们能在裂变产生的中子与第一个铀原子核（无论是238还是235）相遇之前大幅降低它的初始速度，那么就能显著提高它被铀235捕获的概率，虽然这种同位素比铀238少得多。

要达到这样的效果，我们可以将大量天然铀碎片分散放置在某种材料（慢化剂）内部。这种材料能够降低中子的速度，同时又不会捕获太多中子。重水、碳和铍盐都是理想的慢化剂。我们在图76中画出了铀颗粒散布在慢化剂中的核反应"堆"实际的运作原理。[1]

如上所述，轻同位素铀235（它在天然铀中的占比只有0.7%）是自然界中唯一能持续产生链式反应、从而大规模释放原子能的可裂变原子核。但这并不意味着我们就不能人工制造性质类似铀235的其他原子核，虽然它们在自然界中并不存在。事实上，利用可裂变元素的持续链式反应产生的大量中子，我们能将其他普通不可裂变的原子核转化成可裂变的。

---

1. 铀反应堆的详细讨论可参考专门介绍原子能的书籍。

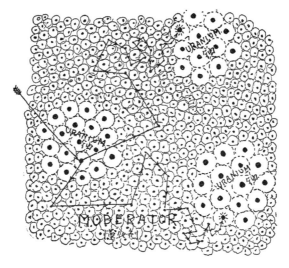

图76

这幅看起来像是生物细胞团的示意图实际上画的是嵌在慢化剂（小原子）里的铀块（大原子）。左侧铀块中1个铀原子裂变产生的2个中子进入慢化剂，与后者的原子核发生一系列碰撞，速度逐渐减慢。等到中子靠近另一块铀的时候，它们的速度已经降低了很多，而铀235原子核捕获慢中子的能力比铀238强得多

　　这类过程的第一个例子就藏在我们前面描述过的"核反应堆"里，它是天然铀和慢化剂的混合物。我们已经看到，慢化剂可以帮助我们降低铀238原子核捕获中子的概率，保证铀235原子核的链式反应持续进行。尽管如此，仍有一部分中子会被铀238捕获，这会带来什么样的结果呢？

　　当然，铀238捕获中子的直接结果是生成更重的同位素铀239。但我们发现，这种新形成的原子核并不稳定，它会相继释放两个电子，嬗变成原子量为94的新元素原子

核。这种新的人工元素被称为钚（Pu-239），它的裂变能力比铀235还强。如果用另一种天然放射性元素钍（Th-232）取代铀238，那么它也会捕获一个中子再释放两个电子，最终产生另一种人工可裂变元素，铀233。

这样一来，从天然可裂变元素铀235开始，循环进行上述反应，从理论上说，我们有可能将天然铀和钍组成的所有原材料转化为可裂变元素，由此得到高浓度的核能原料。

在这一章结束之前，我们可以粗略估算一下未来可用于和平发展或人类自毁的能量总共有多少。人们估计，目前已经发现的铀矿中铀235蕴含的核能足以满足全世界几年的工业需求（假设我们全部改用核能）。考虑到将铀238转化为钚加以利用的可能性，核能供养人类的时间将延长到几个世纪。如果再算上能够嬗变成铀233的钍（它的矿储量大约是铀的4倍），地球上的核能至少够我们用一两千年，这足以化解对"未来核能短缺"的任何担忧。

不过，就算我们用光了所有核原料，也没有发现任何新的铀矿或者钍矿，我们的后代也能通过普通岩石获取核能。事实上，和其他所有化学元素一样，微量的铀和钍几乎普遍存在于所有普通材料中。比如说，每吨普通花岗岩中蕴含着4克铀和12克钍。乍看之下似乎很少，不过我们可以仔细算算。我们知道，1千克可裂变材料蕴含的核能等于20,000吨TNT爆炸产生的能量（相当于1颗原子弹），或者约20,000吨汽油燃烧产生的热量。因此，1吨花岗岩中有 16 克铀和钍，如果将它们完全转化成可裂变材料，那就相当于 320 吨普通燃料。这样的回报足以补偿复杂的分离过程带来的所有麻烦——特别是在富矿资源几近枯竭的时候。

征服了铀之类重元素核裂变释放能量的难题以后，物理学家开始琢磨另一个相反的过程，核聚变。核聚变是指两个轻元素的原子核融合形成一个更重的原子核，同时释放出大量能量的过程。正如我们将在第十一章中看到的，太阳的能量就来自这样的聚变过程，普通的氢原子核在太阳内部发生剧烈的热碰撞，融合生成更重的氦原子核。要复制这种所谓的热核反应，使之造福于人类，最理想的聚变原材料是重氢，或者说氘，它少量存在于普通的水里。氘原子核（氘核）由 1 个质子和 1 个中子组成。两个氘核碰撞时会发生如下两种反应之一：

2 氘核→氦 -3+1 个中子；2 氘核→氢 -3+1 个质子

要完成这样的转化，氘必须处于几亿度的高温下。

氢弹是人类成功制造的第一种核聚变装置，氢弹内氘的聚变反应由一颗裂变原子弹引发。不过，如何制造可控热核反应，这个问题比发明氢弹复杂得多，它将为人类的和平发展提供海量能量。制造可控热核反应的主要困难在于如何束缚极热气体，要克服这个难题，我们可以利用强磁场将氘核约束在中央热区内，避免它接触容器壁，导致后者融化蒸发！

第八章　无序的规律

1　热无序

倒一杯水，仔细观察，你会看到一杯清澈的均匀液体，它的内部似乎不存在任何结构或者运动。（只要你别晃它！）但我们知道，水的均匀一致只是一种表面现象，如果将这杯水放大几百万倍，你将看到大量水分子紧紧挤在一起，形成粗粝的颗粒结构。

在同样的放大倍数下，你还会看到水的内部并不平静，水分子时时刻刻都在剧烈运动、彼此推搡，就像狂热的人群。水分子——或者说所有物质分子——的这种不规律运动被称为热运动，因为它直接表现为热现象。虽然人类的眼睛既看不到分子也看不到分子的热运动，但这种运动会对人体神经纤维产生一种特定的刺激，让我们感觉到"热"。对于那些比人类小得多的生命体（譬如悬浮在水滴中的细菌）来说，热运动带来的影响就大得多了，来自四面八方的躁动分子一刻不停地推挤、踢打这些可怜的小生物，让它们不得安宁（图77）。这种有趣的现象被称为布朗运动。一百多年前，英国植物学家罗伯特·布朗（Robert Brown）

在研究细小的植物孢子时首次注意到了这种现象，布朗运动因此而得名。这是一种普遍存在的运动，悬浮在任意液体中的足够小的任意微粒都会产生布朗运动，空气中悬浮的烟雾和尘埃微粒也会表现出同样的性质。

我们加热液体时，这些微粒的狂野舞步将变得更加激烈；不过一旦降低温度，布朗运动的强度就会显著下降。毫无疑问，这说明布朗运动实际上是物质看不见的热运动

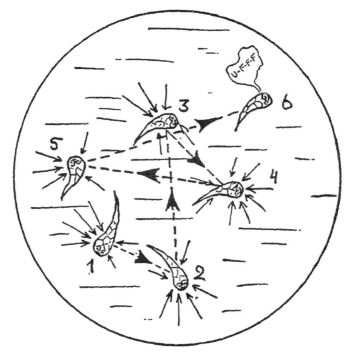

图 77

细菌在分子的撞击下连换了六个位置（这幅示意图的物理原理肯定是对的，但从细菌学的角度来看就不一定了）

造成的结果，而我们通常所说的温度其实不过是度量分子热运动剧烈程度的一种标准。人们研究了布朗运动和温度之间的关系，结果发现，当温度达到 −273℃（即 −459°F）时，物质分子会完全停止热运动，所有分子归于静寂。显然，这就是宇宙中的温度下限，我们称之为"绝对零度"。[1]如果有人说，还有更低的温度，那就太荒谬了，因为世上没有比绝对静止更慢的运动！

温度接近绝对零度时，任意物质分子包含的能量都只有一点点，所以内聚力会将它压成一块坚硬的固体，所有分子只能在这种近乎凝固的状态下产生一点儿微弱的颤抖。随着温度的上升，这样的颤抖会变得越来越剧烈，到了某个特定的阶段，这些分子就会获得一定的自由度，它们可以互相滑动了。冻结的固体就这样变成了液体。这种融化过程必须在特定的温度下才会发生，具体取决于物质分子的内聚力强度。某些材料的分子内聚力非常微弱，例如氢或者组成空气的氮氧混合物，所以热运动在比较低的温度下就能打破分子的冻结状态。因此，固态氢只能存在于 14K（−259℃）以下的低温环境中，而固态氧和固态氮的融化温度（熔点）分别是 55K（−218℃）和 64K（−209℃）。另一些物质的分子内聚力更强，所以它们需

---

1. 截至 2018 年，物理学界公认的绝对零度是 -273.15℃。下文 K 代表开尔文（Kelvins），是国际单位制中的温度单位，以绝对零度作为计算起点，即 -273.15℃ =0K。——译注

要继续升温才会融化，正是出于这个原因，纯酒精的熔点达到了 −130℃，而冻结的水（冰）熔点是 0℃。还有一些物质能在更高的温度下保持固态，比如说，铅的熔点是 327℃，铁是 1535℃，稀有金属铱的熔点高达 2700℃。虽然固体状态下的物质分子被牢牢地束缚在原地，但这并不意味着它们就不受热运动的影响。事实上，根据热运动的基本定律，给定温度下任何物质的每一个分子携带的能量完全相同，无论它是固体、液体还是气体，它们唯一的不同之处在于，对某些物质而言，这么多能量足以帮助分子摆脱束缚、自由运动，而另一些物质分子只能在原地剧烈颤抖，就像一群被短链子拴紧的怒犬。

我们可以通过上一章介绍的 X 光照片轻松地观察到固体分子的这种热颤抖，或者说热振动。拍摄晶格内的分子照片需要相当长的一段时间，所以在曝光过程中，分子绝不能离开它原来的位置，这一点非常重要。但是分子在固定的位置上不断颤抖，这必然干扰曝光，在照片上留下模糊的影子。我们在照片 I（p.395）的分子"集体照"里就能观察到这种现象。所以要拍出清晰的照片，我们必须尽可能地冷却晶体，因此分子摄影师有时候会把他的"模特"浸泡在液态空气里。从另一方面来说，如果我们持续加热晶体，拍出的照片就会变得越来越模糊；温度到达熔点的那一刻，规律的晶体图样彻底消失，因为分子离开了原来的位置，开始在融化的物质中做不规律运动。

图 78

融化后的固体分子仍会聚成一团，因为热运动的强度虽然足以帮助它们摆脱晶格的束缚，但还不足以将它们彻底分开。不过，随着温度继续升高，内聚力无法再束缚分子，它们开始四下飞散；要想阻止这一切，除非你用一堵墙把这团物质围起来。当然，到了这一步，物质就变成了气态。既然固体的熔点各不相同，不同的液体自然也有不同的蒸发温度（沸点），内聚力较弱的物质沸点相对较低，反之亦然。压力也会影响液体的蒸发过程，因为来自外界的压力会帮助内聚力束缚分子。我们都知道，密闭水壶里的水沸点比敞口壶里的高。从另一方面来说，由于高山顶上的气压明显低于山脚，所以那里的水在 100℃ 以下就会沸腾。值得一提的是，我们可以通过测量水的沸点推算当地的大气压，继而确定海拔高度。

不过你可千万别学马克·吐温（Mark Twain），他曾经把无液气压计直接扔进一壶沸腾的豌豆汤里。这样非但测不出海拔，氧化铜还会破坏豌豆汤的风味。

物质的熔点越高，它的沸点也越高。所以液氢的沸点是 −253℃，液氧和液氮的沸点分别是 −183℃ 和 −196℃，酒精在 78℃ 沸腾，铅 1620℃，铁 3000℃，锇必须达到 5300℃ 以上的高温才会沸腾。[1]

美丽的晶体结构被打破后，物质分子先是紧紧地挤成一团，就像一窝虫子，然后它们又像受惊的鸟儿一样四下飞散。但后面这种现象还不是热运动破坏力的极限。如果温度继续升高，就连分子本身也岌岌可危，因为越来越剧烈的碰撞会将分子撕裂成原子。这种热离解过程取决于分子自身的强度。一些有机物分子在几百度的"低温"下就会分解成独立的原子或原子团，但另一些更稳定的分子（例

---

1. 以上数值都是相应物质在一个大气压下的沸点。

如水）需要一千多度的高温才会溃散。但任何分子都无法在几千度的高温下存活，在这样的高温环境中，物质将变成纯化学元素组成的气态混合物。

温度高达 6000℃ 的太阳表面就处于这种状态。从另一方面来说，红巨星[1]的大气层温度相对较低，所以有一部分分子能够幸存下来，我们可以通过光谱分析法观测到它们的存在。

高温下剧烈的热碰撞不仅会将分子撕裂成原子，还会剥夺原子的外层电子。如果温度升高到几十万甚至几百万度，这种热电离过程就会变得越来越明显。这样极端的高温超过了我们能在实验室里达到的上限，但在恒星尤其是太阳内部却很常见。就连原子也无法在这样的酷热环境中幸存，它的所有外层电子都会被剥夺，物质最终会变成赤裸的原子核与自由电子组成的混合物，电子在空间中高速运动，以极其强大的力量互相碰撞。不过，尽管原子已经残缺不全，但物质仍保留了最基本的化学性质，因为它的原子核仍原封未动。如果温度有所下降，原子核将重新捕获电子，再次形成完整的原子。

要利用热彻底分解物质，将原子核拆成独立的核子（质子和中子），我们至少需要几十亿度的高温。虽然我们在最热的恒星内部也没有发现这么高的温度，但它很可能存在

---

1. 详见第十一章。

于几十亿年前的年轻宇宙中。在这本书的最后一章里，我们将回过头来讨论这个激动人心的问题。

因此我们看到，热运动会逐步破坏基于量子定律构建的物质精妙结构，将这座宏伟的大厦拆成一大堆杂乱无章的粒子，这些粒子像没头苍蝇一样左冲右撞、看不出任何明显的运动规律。

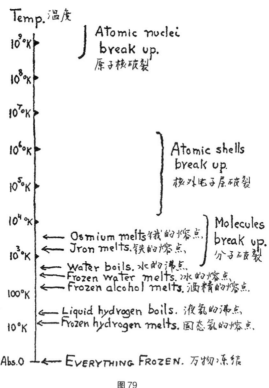

图 79
温度的破坏力

230

2 我们该如何描述无序运动？

既然热运动完全没有规律，那我们岂不是完全没法用物理语言来描述它？如果你真的这样以为，那就错得太离谱了。事实上，热运动完全无规律的特性正好能用一种新定律来描述，我们称之为无序定律，或者统计行为定律。要理解这句拗口的描述，我们不妨看看著名的"醉鬼走路"问题。假设我们看到一个醉鬼靠在宽阔的城市广场中央的一根路灯柱子上（谁也不知道他是什么时候神不知鬼不觉地跑到那儿去的），然后他开始瞎转悠了。这位醉鬼先朝某个方向走了几步，然后换个方向再走几步，就这样无限循环下去，每走几步就换个方向，但谁也不知道他下一步想要去哪儿（图 80）。当这位醉鬼毫无规律的脚步换了 100 次方向以后，他与路灯柱子之间的距离是多少？乍看之下，你可能觉得，既然醉鬼的转向毫无规律，那我们根本没法回答这个问题。不过要是认真想想，你就会发现，虽然我们的确无法判断转向 100 次以后醉鬼的位置，但却能推算他与灯柱之间最可能的距离。下面我们就用环环相扣的数学方法来解答这个问题。我们首先以灯柱为原点，在广场上画两条坐标轴，其中 X 轴指向我们自己，Y 轴指向右侧。假设醉鬼走了 N 段路程（图 80 中的 N=14）以后，他和灯柱之间的距离是 R；X_N 和 Y_N 分别代表醉鬼走过的第 N 段路程在相应坐标轴上的投影，根据毕达哥拉斯定理，可得如下等式：

$$R^2 = (X_1 + X_2 + X_3 \ldots + X_N)^2 + (Y_1 + Y_2 + Y_3 + \ldots + Y_N)^2$$

醉鬼在某段路程中行走的方向（接近灯柱或远离灯柱）决定了 X 和 Y 的值是正数还是负数。请注意，由于醉鬼的脚步完全没有规律，那么正的 X 和 Y 应该与负的数量相当。现在我们按照代数学基本规则展开圆括号里的式子，将括号内的每一项与包括它自己在内的所有项相乘。

图 80
醉鬼走路

也就是说：

$$(X_1+X_2+X_3+...+X_N)^2$$
$$=(X_1+X_2+X_3+...+X_N)(X_1+X_2+X_3+...+X_N)$$
$$=X_1^2+X_1X_2+X_1X_3+...+X_2^2+X_1X_2+...+X_N^2$$

这个长算术式包含所有 X 的平方项（X_1^2，X_2^2，...，X_N^2）和所谓的"混合积"，即 X_1X_2、X_2X_3 等等。

到这里为止，我们用到的都只是简单的代数学，不过接下来，我们就要引入基于醉鬼无序脚步的统计学定律了。由于醉鬼的运动轨迹完全随机，那么他走出的每一步接近和远离灯柱的概率完全相等，所以 X 有 50% 的概率为正，50% 的概率为负。因此，在刚才那个式子的"混合积"中，我们总能找到数值相等但符号相反的项，令它们互相抵消；醉鬼转向的次数越多，这样的抵消就越彻底，最后式子里只剩下 X 的平方项，因为平方项始终为正。因此，圆括号里的平方数可以简化为 $X_1^2+X_2^2+...+X_N^2=NX^2$，这个式子中的 X 代表每段路程在 X 轴上的投影的平均值。[1]

利用同样的办法，我们可以将第二个圆括号简化为：NY^2。Y 是每段路程在 Y 轴上的投影的平均值。我必须再次强调，我们所做的并不是严格的代数运算，而是基于统计学原理中无序运动的特性，让式子里的所有"混合积"相

1.　严格地说，X 应该是所有投影的均方根值，即所有路程的平方和均值再开方。这个案例中提及的所有"路程的平均值"和"投影的平均值"实际上都应该是均方根值。——译注

互抵消。现在我们可以算出，这位醉鬼与灯柱之间最可能的距离应该是：

$$R^2 = N(X^2 + Y^2)$$

或者

$$R = \sqrt{N} \cdot \sqrt{X^2 + Y^2}$$

由于所有路程的平均值投影到两条轴上的角度都是 $45°$，所以 $\sqrt{X^2 + Y^2}$ 实际上就等于每段路程的平均长度（还是根据毕达哥拉斯定理），我们用 L 来表示这个长度，最终得到：

$$R = L \cdot \sqrt{N}$$

用大白话来说，这个式子意味着醉鬼随机转向无数次以后，他与灯柱之间最可能的距离等于他走过的每段直线路程的平均长度乘以线段数量的平方根。

因此，如果这位醉鬼每走 1 码就换个方向（谁也不知道他将转向何方！），那么在他走了 100 码以后，他和灯柱之间的距离可能只有 10 码。如果他完全不转向一直走，那他大概已经走出去 100 码了——这说明走路的时候保持清醒的确是个很大的优势。

上面这个例子里的计算完全基于统计学，所以我们将之描述为"醉鬼与灯柱之间最可能的距离"，而不是独立个案的确切距离。也许这位醉鬼从来就不转弯，于是他沿着直线越走越远，虽然这种情况发生的概率极低，但的确存在这样的可能性。醉鬼也可能每走一段路就转 180 度，掉头往回走，于是他每转弯两次就会回到灯柱旁边。但是如果有大量醉鬼从同一根灯柱的位置出发作随机运动，而且他们互不干扰，那么你会发现，经过足够长的一段时间以后，所有醉鬼将分布在灯柱周围一定的区域内，我们可以利用刚才介绍的方法算出他们与灯柱之间的平均距离。这种不规律运动造成的随机分布如图81所示，我们在这里画出了六名醉鬼。醉鬼在无序运动时转向的次数越多，最后的结果就越符合统计定律。

现在，我们将案例中的醉鬼换成微观颗粒，譬如悬浮在液体中的植物孢子或细菌，植物学家布朗在显微镜里看到的正是这样的图景。当然，植物孢子和细菌都没有喝醉，但正如我们刚才所说的，周围做热运动的分子不断地推挤

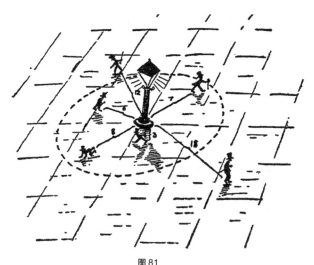

图81
六个醉鬼在灯柱附近行走的统计学分布情况

这些微粒，将它们撞向四面八方，迫使它们做无规律运动，就像在酒精作用下完全失去方向感的人一样。

透过显微镜观察一滴水中大量微粒的布朗运动，你可以集中精力关注某个时刻正好聚集在一小片区域内（"灯柱"附近）的一组微粒。然后你会发现，随着时间的推移，这些微粒会逐渐扩散到整个视野中，而且它们与起始点的距离与时间的平方根成正比，和我们刚才计算醉鬼与灯柱距离的数学规律完全一样。（见图82）

当然，水滴里的每个分子也遵循同样的运动定律，但我们看不到单个的分子；就算肉眼能看到分子，你也看不出它们有什么区别。要直接观察这样的无序运动，我们需要两种区别明显的分子，比如说，它们拥有不同的颜色。因此，我们可以在试管里注入一半高锰酸钾溶液，这是一种漂亮的紫色液体；然后我们在这层溶液上方注入清水装满试管，操作的时候请小心一些，别让它们弄混；接下来

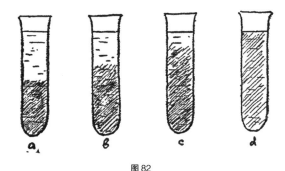

图82

你会发现，下层的紫色开始逐渐渗透到上层的清水中。耐心等待足够长的一段时间以后，你会看到整个试管里的水都变成了均匀的紫色。这样的扩散现象大家都很熟悉，它来自水分子中染色分子的无规律热运动。我们可以把每个高锰酸钾分子想象成一名小醉鬼，来自其他分子的连续碰撞推得它左摇右摆，不停地运动。由于水中的分子排列得相当紧密（相对于气体而言），所以每个分子在连续两次碰撞之间平均行经的自由路程很短，大约只有几亿分之一英寸。从另一方面来说，室温下分子运动的速度大约是每秒十分之一英里，所以连续两次碰撞的时间间隔大约只有一万亿分之一秒。因此，在1秒钟的时间里，每个染色分子都将遭遇一万亿次碰撞，它也将转向一万亿次。第一秒内分子行经的平均距离应该等于一亿分之一英寸（平均自由路程）乘以一万亿的平方根，由此我们算出，染色分子的平均扩散速度只有每秒百分之一英寸。这可真够慢的，要知道，如果不受碰撞的影响，这个分子一秒钟就能跑到十分之一英里以外！如果你愿意等待100秒，那么分子将挣扎着走过10倍（$\sqrt{100}=10$）的路程；再过10,000秒，也就是大约3个小时以后，扩散作用将让染色分子运动到100倍（$\sqrt{10000}=100$）的距离以外，也就是说，大约1英寸以外。是的，扩散是一个相当缓慢的过程；如果你往茶杯里加了一勺糖，那你最好搅一搅，别指望糖分子自己扩散。

扩散是分子物理学中最重要的过程之一，要进一步理解这个过程，我们不妨想想伸进火炉的铁棍。根据以往的经验，你知道铁棍伸进火炉以后，它的另一头要过好一会儿才会热得烫手；但你恐怕不知道，金属传热是靠电子的扩散过程实现的。是的，普通的铁棍里其实充满了电子，所有金属物体都是这样。金属和其他材料（例如玻璃）的区别在于，金属原子可能失去一部分外层电子，这些电子将在晶格中游荡，加入不规律运动的大军，就像普通气体中的微粒一样。

由于金属外层存在表面张力，所以这些电子无法离开，[1]但在金属材料内部，它们的运动几乎完全是自由的。如果给金属丝施加一个电压，这些自由电子将顺着电压的方向运动，产生电流现象。从另一方面来说，非金属通常是良好的绝缘体，因为它们的所有电子都被束缚在原子内部，无法自由运动。

如果将金属棍的一头伸进火里，这部分金属内部自由电子的热运动将获得大幅加速，快速运动的电子携带着额外的热量开始向其他区域扩散。这个过程非常类似染色分子在水中扩散，只不过上一个例子里有两种分子（水分子和染色分子），这里只有一种：热电子云向冷电子云占领的区域扩散。但这个例子里的热运动同样遵循"醉鬼走路定律"，热在金属棍内传播的距离同样和时间的平方根成正比。

---

1. 高温环境下金属内部的电子热运动会变得更加剧烈，部分电子可能穿透金属表面。电子管利用的就是这种现象，所有无线电爱好者对此相当熟悉。

关于扩散作用，我们即将介绍的最后一个案例和前两个完全不同，它在宇宙学中至关重要。我们将在后面的章节中看到，太阳的能量来自其内部深处的化学元素炼金术嬗变。这些能量以强辐射和"光微粒"（即光量子）的形式向外释放。它们从太阳深处出发，踏上前往太阳表面的漫长旅途。由于光的传播速度高达每秒 300,000 千米，而太阳的半径只有 700,000 千米，所以如果不受外界阻碍，直线运动的光量子只需要两秒多一点儿的时间就能走到太阳表面。但实际情况完全不是这样；前往太阳表面的过程中，光量子将遭到周围原子和电子的无数次碰撞。太阳物质中光量子的自由行程大约只有 1 厘米（已经比分子的自由行程长得多了！）由于太阳的半径是 70,000,000,000 厘米，那么我们的光量子必须走过 $(7 \times 10^{10})^2$ 或者 5×10^{21} 段路程才能到达太阳表面。由于每段路程需要花费 1/(3×10^{10}) 或 3×10^{-11} 秒时间，所以这段行程消耗的总时间是 $3 \times 10^{-11} \times 5 \times 10^{21} = 1.5 \times 10^{11}$ 秒，也就是大约五千年！我们再次看到，扩散真的是一种很慢的过程。光需要耗费 50 个世纪才能从太阳中心到达它的表面，但在空旷的行星际空间里，直线传播的光只需要 8 分钟就能从太阳跑到地球！

3　计算概率

上面几个关于扩散的例子只是我们运用概率统计定律

解决分子运动问题的简单范例。接下来我们将做进一步的讨论，试图理解最重要的熵增定律，它规范了所有物体的热行为，从微不足道的液滴到恒星组成的庞大宇宙；不过在此之前，我们需要先学习一下如何计算或简单或复杂的不同事件的概率。

扔硬币是最简单的概率问题。大家都知道，扔硬币的时候（不作弊的情况下）出现正面和反面的概率完全相等。人们常说，正反面五五开，但在数学领域中，更合适的描述是二者出现的概率一半对一半。我们将出现正面和反面的概率相加，那就是 $\frac{1}{2} + \frac{1}{2} = 1$。在概率论的世界里，整数 1 意味着百分百确定；事实上，在扔硬币的时候，你的确有十足的把握，最后的结果不是正面就是反面，除非硬币滚到沙发底下再也找不着了！

假如你连续扔两次硬币，或者同时扔两个硬币——这两种做法其实完全一样——那么很容易看到，可能得到的结果共有四种，如图 83 所示。

在第一种情况下，你得到了两个正面，最后一种情况则是两个反面，中间两种情况实际上完全相同，它们都是一正一反，而你并不在乎正反面出现的顺序（或者出现在哪个硬币上）。因此，我们可以说，扔出两个正面的概率是 1/4，扔出两个反面的概率也是 1/4，而一正一反的概率是 2/4，或者说 1/2。$\frac{1}{4} + \frac{1}{4} + \frac{1}{2} = 1$，这意味着可能的组合一共就这三种。现在我们再来看看扔 3 次硬币又是什么情况。

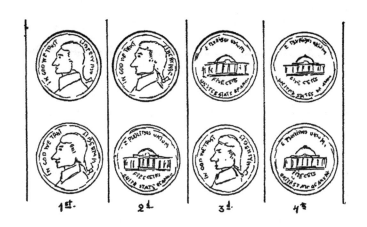

图83
扔两个硬币可能得到的四种结果

这个实验可能出现的 8 种结果如下表所示:

	I	II	II	III	II	III	III	IV
第一次	正	正	正	正	反	反	反	反
第二次	正	正	反	反	正	正	反	反
第三次	正	反	正	反	正	反	正	反

观察这张表格,你会发现扔出 3 个正面的概率是 1/8,3 个反面的概率也是 1/8,剩下的可能性由 1 正 2 反和 1 反 2 正两种情况均分,二者的概率都是 3/8。

概率表格增长的速度很快，不过我们可以再往前走一步，扔 4 次硬币看看。在这种情况下，可能出现的 16 种结果如下表：

	I	II	II	III	II	III	III	IV	II	III	III	IV	III	IV	IV	V
第一次	正	正	正	正	正	正	正	正	反	反	反	反	反	反	反	反
第二次	正	正	正	正	反	反	反	反	正	正	正	正	反	反	反	反
第三次	正	正	反	反	正	正	反	反	正	正	反	反	正	正	反	反
第四次	正	反	正	反	正	反	正	反	正	反	正	反	正	反	正	反

现在我们有 1/16 的概率扔出 4 个正面，扔出 4 个反面的概率同样是 1/16；3 正 1 反和 1 正 3 反的概率都是 4/16，或者说 1/4；而 2 正 2 反的概率是 6/16，或者说 3/8。

如果你继续扔硬币，概率表会变得越来越长，纸上很快就写不下了；举个例子，如果扔 10 次硬币，那么可能的结果共有 1024 种（$2 \times 2 \times 2 \times 2 \times 2 \times 2 \times 2 \times 2 \times 2 \times \cdots \times 2$）。但我们没必要列这么长的表格，因为只要观察上面几个简单的例子，我们就能总结出简单的概率定律，这些定律可以用来解决更复杂的问题。

首先你会发现，连续扔出 2 次正面的概率等于第一次扔出正面的概率乘以第二次扔出正面的概率，事实上，$\frac{1}{4}$ = $\frac{1}{2} \times \frac{1}{2}$；同样地，连续扔出 3 次或 4 次正面的概率也等于每次分别扔出正面的概率相乘（$\frac{1}{8} = \frac{1}{2} \times \frac{1}{2} \times \frac{1}{2}$；$\frac{1}{16} = \frac{1}{2} \times \frac{1}{2} \times \frac{1}{2} \times \frac{1}{2}$）。因此，如果有人问你 10 次都扔出正面的概率是多少，你很容易就能算出答案，那就是 1/2 的 10 次方，即 0.00098，这个概率真的很低：差不多一千次里才会出现一次！于是我们得到了"概率的乘法定理"：如果你想同时得到几样东西，那么这一事件出现的概率等于每样东西单独出现的概率相乘。如果你想要的东西真的很多，而且每样东西出现的概率都不高，那么你同时得到所有东西的概率一定低得令人沮丧！

概率论中还有一条"加法定理"：如果你只想要几样东西中的一样（哪样都行），那么你得到它的概率等于这几样东西单独出现的概率相加。

连扔两次硬币的案例充分体现了这条定理。如果你想要的结果是一正一反，那么你并不在乎是先正后反还是先反后正，而这两种情况出现的概率都是 1/4，因此，出现一正一反的总概率是 $\frac{1}{4} + \frac{1}{4} = \frac{1}{2}$。所以如果你想要的是"这个，和那个，以及第三个……"那么你需要将所有东西单独出现的数学概率相乘；但如果你想要的是"这个，或那个，又或者第三个"，那么要做的就是加法了。

前一种"什么都想要"的情况下，想要的东西越多，你同时得到它们的概率就越低；而在后一种"什么都行"的情况下，单子上的备选项越多，你满足愿望的概率就越大。

扔硬币的次数越多，你得到的结果就越符合概率。我们在图84中画出了扔2次、4次、10次和100次硬币时正反面出现次数的相对比例。你会看到，扔硬币的次数越多，概率曲线就越陡峭，正反面"五五开"的趋势也越明显。

如果你扔2次、3次甚至4次硬币，每次都得到正面或反面的概率不算太小；但要是你扔上10次，哪怕只要求其中9次的结果一样，那也非常困难。如果扔硬币的次数继续增加，比如说扔上100次或者1000次，概率曲线就会变得像针一样锋利陡峭，实际上你几乎不可能得出五五开以外的结果。

现在，我们利用刚才学到的简单的概率定理计算一下，在一种著名的扑克游戏中，五张手牌中出现各种组合的可能性。

考虑到有的读者可能不会打扑克，所以我简单介绍一下。在这个游戏里，每位玩家各有五张手牌，牌面组合最大的玩家获胜。这里我们暂且忽略换牌的环节和虚张声势骗得对手相信你的牌更大的心理策略，虽然心理策略才是这种游戏的精华所在，丹麦物理学家尼尔斯·玻尔（Niels Bohr）甚至由此衍生出了一种完全不用扑克的全新游戏：玩家只需要根据自己虚拟的牌面互相虚张声势就行，这已经超出概率计算的范围，成了纯粹的心理游戏。

为了熟悉刚刚学到的概率定理，我们不妨算算玩家手

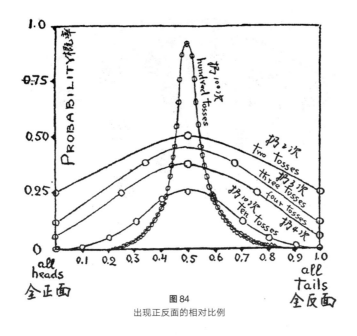

图84
出现正反面的相对比例

牌出现某些组合的可能性。其中一种组合名叫"同花"，它代表 5 张手牌的花色完全相同（图 85）。

想拿到一副"同花"，那么你的第一张牌可以是完全随机的，你只需要计算下面四张牌和第一张花色相同的概率。一副扑克除去王牌共有 52 张，每种花色各 13 张，[1] 所以当你拿到一张牌以后，这个花色的牌还剩下 12 张。这样一来，第二张牌拿到同一花色的概率应该是 12/51。同样地，第三张、第四张和第五张牌拿到同样花色的概率分别是 11/50、10/49 和 9/48。因为这五张同样花色的牌你

---

1. 我们暂且忽略"大小王"带来的变数，在这种游戏中，它可以当成任何一张牌。

图85
同花（黑桃）

都想要，所以这里我们应该运用乘法定理。于是你会发现，拿到同花的概率是：

$$\frac{12}{51} \times \frac{11}{51} \times \frac{10}{49} \times \frac{9}{48} = \frac{13068}{5997600}$$

或者说大约 1/500。

但这并不意味着玩 500 手扑克你就一定能拿到一次同花。实际上，你可能拿到两次，也可能一次都没有。我们这里计算的只是概率上的可能性，而在现实中，也许你玩了上千手也没拿到一次同花，或者第一手牌就拿到了同花。概率论能告诉你的，只是你有可能在 500 手牌中拿到 1 次同花。通过同样的计算方法，或许你还会发现，玩上 30,000,000 手扑克牌游戏，你可能会拿到 10 次五个 A（包括大小王在内)。

　　扑克牌中还有一种更罕见、价值也高得多的组合,叫作"满堂红",不过人们更爱叫它"三带二"。"三带二"指的是三张同样点数的牌再加另外一对同点数的牌(也就是说,一对同样点数的牌分别是两个花色,三张同点牌则分三个花色——例如图86所示的3个Q带2个5)。

　　想拿到满堂红,你可以随机拿两张牌,但在接下来的三张牌里,其中一张牌的点数必须和你刚才拿到的第一张相同,剩下两张则和第二张一样。能够满足这个要求的牌共有6张(如果最开始的两张牌是Q和5,那么牌堆里还剩下3张Q和3张5),第三张牌恰好是其中之一的可能性是6/50;以此类推,第四张和第五张牌也抽对的概率分别

图86
满堂红(三带二)

247

是 5/49（因为这时候满足要求的牌只有 5 张了，而牌堆里一共还有 49 张牌）和 4/48。因此，拿到满堂红的总概率应该是：

$$\frac{6}{50} \times \frac{5}{49} \times \frac{4}{48} = \frac{120}{117600}$$

或者说，约等于同花的一半。

我们可以用同样的方法计算其他组合出现的概率，例如"顺子"（五张牌点数相连）；也能算出包括大小王和换牌等复杂情况在内的综合概率。

通过这样的计算，我们发现，在这种扑克游戏中，出现的概率越小的组合价值就越高。不过本书作者并不知道，这样的规则是古代某位数学家提出的，还是亿万赌徒在世界各地的奢华赌博俱乐部和黑赌场里通过实践用金钱总结出来的。如果是后者，那么我们必须承认，这真是个优秀的统计学研究项目，它出色地探查了复杂事件的相对概率。

概率计算的另一个有趣案例是"生日冲突"问题，这个问题的答案颇为出人意表。请回忆一下，你是否收到过同一天的两场生日派对邀请？你或许会说，这种重复邀请出现的概率极低，因为可能邀请你的朋友大约只有 24 位，一年却有 365 天。既然有这么多日子可选，24 位朋友中不太可能正好有两位打算在同一天切蛋糕。

不过令人难以置信的是，你的判断大错特错。事实上，24 个人里面很可能正好有两位——甚至好几对——在同一天过生日。生日冲突出现的概率其实高于它不出现的概率。

为了证实这个结论，你可以做一张 24 个人的生日列表，或许还有个更简单的办法：找一本《美国名人录》之类的工具书随便翻一页，记下连续 24 个人的生日再加以比较。你也可以用我们刚才通过扔硬币和玩扑克的案例学到的概率计算方法简单地算一算。

首先我们可以试着算算 24 个人生日各不相同的概率。我们先问第一个人，他的生日是哪天；当然，他给出的答案可能是一年中的任何一天。那么第二个人的生日不同于第一个人的概率是多少呢？由于第二个人的生日也可能是 365 天中的任何一天，所以他正好和第一个人同一天出生的概率是 1/365，那么两人拥有不同生日的概率自然是 364/365。以此类推，第三个人的生日不同于前两个人的概率是 363/365，因为一年里已经有两天被排除掉了。接下来的每一个人生日不同于前面所有人的概率分别是 362/365、361/365、360/365……直到最后一个人，他的生日不同于其他人的概率是 (365−23)/365，或者说 342/365。

由于我们想算的是所有人生日各不相同的概率，因此必须将以上所有分数相乘：

$$\frac{364}{365} \times \frac{363}{365} \times \frac{362}{365} \times \cdots\cdots \frac{342}{365}$$

利用高等数学，我们可以在几分钟内得出计算结果；

如果你不懂高等数学，那也可以直接做乘法，[1]其实花不了多少时间。最后的答案是 0.46，这意味着 24 个人生日各不相同的概率略低于一半。换句话说，你的 24 位朋友生日各不相同的概率只有 46%，两个或两个以上的人同一天生日的概率高达 54%。因此，如果你有超过 25 位朋友，但却从来没有收到过同一天的两份生日邀请，那么更可能的情况是，要么你的朋友没办生日派对，要么他没请你！

生日冲突问题是个很好的例子。它让我们看到，面对一些复杂事件的概率，我们的直觉可能完全靠不住。本书作者向很多人提出过这个问题，其中包括一些颇有名望的科学家，结果除了一个人以外，[2]其他所有人都愿意以 2:1 以上的赔率（有人甚至愿意赔 15:1）赌这样的巧合不会发生。要是他接受了所有赌约，那他大概早就发财了！

必须反复强调的是：尽管我们可以按照给定的规则计算不同事件的概率，从中找出最可能发生的情况，但我们并不能完全确定，这件事就一定会发生。除非将试验重复几千次、几百万次甚至几十亿次（其实这样最好），否则我们只能说某件事"有可能"发生，而不是"一定会"发生。所以在试验次数比较少的时候，概率定理就颇受掣肘，比如说，对于比较短的文本，我们就不能用统计分析的方法破译密码。举个例子，埃德加·爱伦·坡（Edgar Allan

---

1. 如果你会用对数表或者计算尺的话，请不要犹豫！
2. 当然，这个例外者是匈牙利的一位数学家（请见本书第一章开头部分）。

Poe）的名作《金甲虫》中有一段经典情节：勒格朗先生在
南卡罗莱纳州的荒凉海滩上捡到了一张半埋在湿沙子里的
羊皮纸，他回到小屋里想用火把它烤干，结果却发现羊皮
纸上出现了一些神秘的符号。这些符号是用一种特殊的墨
水写在羊皮纸上的，平时看不见，只有在受热的时候才会
变红。羊皮纸上画了一个骷髅，这说明记号的主人是个海
盗；还有一个山羊头，毫无疑问，这位海盗一定是著名的
基德船长；除此以外还有几行文字，显然是描述宝藏的埋
藏地点（见图 87）。

我们姑且尊重爱伦·坡的设定，承认这位 17 世纪的海
盗会用分号和引号，还有❡、†和¶之类的特殊符号。

因为需要钱，勒格朗先生绞尽脑汁，试图破解基德船
长的密文，最后他解决问题的关键在于英语中不同字母出

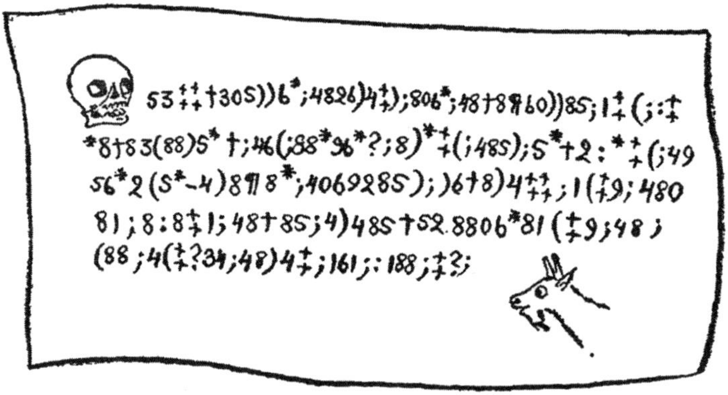

图 87
基德船长的密文

251

现的相对频率。勒格朗先生的破译法基于一个事实：无论是莎士比亚的十四行诗还是埃德加·华莱士的推理小说，数一数任何一段英语文本中不同字母的数量，你就会发现，字母"e"出现的次数最多。除了"e"以外，其他字母出现频率从高到低的排序是：

a, o, i, d, h, n, r, s, t, u, y, c, f, g, l, m, w, b, k, p, q, x, z

勒格朗先生数了数基德船长密文中不同符号的数量，结果发现出现得最频繁的是数字 8。"啊哈，"他说，"这意味着 8 很可能代表字母 e。"

呃，他说得没错。不过当然，8 只是很可能代表字母 e，并不是绝对。事实上，如果这段密文说的是"你将在鸟岛最北边一座旧木屋以南两千码外树林中的一个铁箱里找到大量黄金和钱币"（You will find a lot of gold and coins in an iron box in woods two thousand yards south from an old hut on Bird Island's north tip），那么这个长句里面只有一个"e"！但勒格朗先生得到了概率定理的垂青，他真的猜对了。

成功走出第一步以后，勒格朗先生满怀信心地数出了文本中所有符号的个数，试着用同样的办法破解整套密码。下表列出了基德船长信息中所有符号出现的相对次数：

符号"8"出现了33次		e ←——→ e
;	26	a → t
4	19	o → h
‡	16	i → o
(	16	d → r
*	13	h → n
5	12	n → a
6	11	r → i
†	8	s → d
1	8	t
0	6	u
9	5	y
2	5	c
:	4	
3	4	g ←——→ g
?	3	l → u
¶	2	m
-	1	w
.	1	b

表格中的第二列是按照出现频率排列的英语字母，我们有理由假设，第一列中出现的符号可以对应转换为第二列的字母。但是按照这样的逻辑替换以后，我们发现基德船长密文开头变成了：ngiisgunddrhaoecr……

完全不知所云！

这是怎么回事？难道那位狡猾的老海盗专门挑了一些字母出现频率比较特殊的词来用？当然不是，其实问题很简单，这段密文太短，不是理想的统计学样本，所以文本中字母出现的频率并不完全符合统计学分布。如果基德船长将宝藏埋在一个非常隐蔽的地方，寻找宝藏的密文需要好几页纸甚至一整部书才写得下，那么勒格朗先生用频率法破解密码的成功率反而会提高很多。

要是你扔 100 次硬币，得到正面的次数差不多就是 50 次左右，偏差不会太大；但要是只扔 4 次，结果很可能是 3 正 1 反，或者 3 反 1 正。确切地说，试验次数越多，得到的结果就越符合概率分布。

由于密文中的字母数量太少，简单的统计分析法失效了，勒格朗先生只得另想办法，利用英语中不同词语具体的结构特征来破译密码。首先，他注意到密文中"88"这个组合出现得相当频繁（5 次），这进一步印证了"8 就是 e"的猜想，因为众所周知，e 在英语单词中经常成对出现（例如：meet、fleet、speed、seen、been、agree 等等）。此外，如果 8 真的是 e，那么你会经常看到它出现在常用词"the"里。仔细审视整段密文，我们发现，在这段短短的文字里，";48"这个组合出现了 7 次；如果";48"就是"the"，那么";"代表"t"，4 代表"h"。

如果读者想看勒格朗先生破译基德船长密文的详细描述，那么不妨读一读爱伦·坡的原著。现在我们长话短说，最后勒格朗先生发现，这段密文实际上说的是："主教客栈的魔鬼座位上有面好镜子。北偏东 41 度 13 分。主干上东边的第七根枝丫。从骷髅头的左眼开一枪。从树下出发，沿着子弹的轨迹向外走 50 英尺。"

勒格朗先生最后破译出的每个符号的正确含义见表格最右列。你会看到，它们并不完全符合概率分布规则。当然，这是因为文本太短，概率规则没有大显身手的机会。不过即便是在这么短的一段"统计学样本"里，我们也能注意到字母遵照概率规则分布的趋势，如果扩大样本的规模，这样的趋势将变成牢不可破的铁律。

用大量试验验证概率规则的实际案例似乎只有一个（其实还有个好例子：保险公司都还没破产呐），那就是著名的"美国国旗和火柴问题"。

要探究这个问题，你需要一张红白条纹的美国国旗；如果找不到这样的旗帜，你可以在一大张纸上画一组距离相等的平行线。还要一盒火柴——什么样的火柴都行，只要它的长度小于条纹的宽度就行。接下来，你还需要一个"希腊派"，我说的可不是吃的派，而是希腊字母中的 π，它相当于英语里的"p"。希腊语中的这个字母通常用于表示圆的周长与其直径的比值，也就是圆周率。你或许记得，π 的值等于 3.1415926535……（小数点后面还有很多位，但我们不必把它全都写出来）。

现在，我们把旗帜放在桌面上展平，将一根火柴扔到空中，然后看着它落在旗帜上（图 88）。火柴可能完全落在某根条纹内部，也可能与两根条纹的边界相交。这两种情况发生的概率分别是多少呢？

按照我们计算其他概率问题的方法，首先我们得弄清每种情况各有几种可能性。

但火柴可能落在旗帜上的任何位置，我们怎么数得清所有的可能性呢？

我们不妨稍微深入地思考一下这个问题。如图89所示，我们可以用两个参数来描述坠落的火柴相对于条纹的位置：火柴中点与最近的条纹边界之间的距离，以及火柴棍与条纹边界的夹角。我们画出了三种典型的火柴位置，为了方便起见，我们假设火柴长度等于条纹宽度，比如说，它们都是2英寸。如果火柴中点离条纹边界很近，而且火柴棍和边界线之间的夹角很大（情况a），那么火柴棍将与边界

图88

256

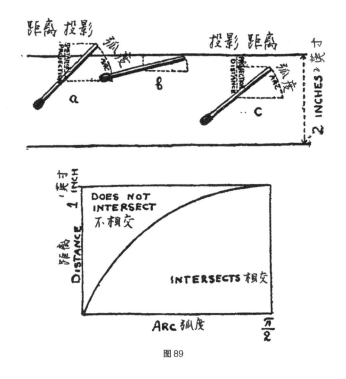

图89

线相交。反过来说，如果夹角小（情况 b）或者距离大（情况 c），那么火柴就会留在两条边界线之间。更确切地说，如果火柴在垂直方向上的投影的一半大于火柴中点到条纹边界的距离（情况 a），那么火柴必然与边界线相交，反之则不会相交（情况 b）。图 89 下半部分的坐标图体现了这个结论。水平轴（横坐标）代表火柴角度，以半径为 1 的圆弧长度来表示；垂直轴（纵坐标）代表火柴垂直投影的一半；根据三角函数，这个投影长度应该是给定弧长的正

257

弦值。显然，零度角的正弦值等于零，因为在这种情况下，火柴的位置是水平的。如果弧长为 $\pi/2$，那么它代表的是直角，[1]其正弦值等于 1，因为火柴落在垂直位置，垂直投影等于它本身的长度。如果弧长介于 0 和 $\pi/2$ 之间，那么它的正弦值就是我们熟悉的正弦曲线。（图 89 画出的只是完整正弦曲线的 $1/4$，即 0 到 $\pi/2$ 之间的部分）

画好了这张图以后，我们可以利用它方便地推算火柴与边界线相交或不相交的概率。事实上，正如我们刚才看到的（图 89 上半部分的三个例子），如果火柴中点与边界线之间的距离小于其垂直投影的一半，也就是说，小于其弧长的正弦值，那么二者相交。在我们这张弧长－距离坐标图中，这样的点必然落在正弦曲线下方。反过来说，坐标落在正弦曲线上方的点代表火柴与边界线不相交。

因此，根据我们计算概率的规则，相交与不相交两种情况的相对比例应该等于正弦曲线下方区域面积与上方区域面积之比；也就是说，我们可以通过计算矩形内部被正弦曲线分开的两块区域面积来确定两个事件发生的概率。我们可以从数学上证明（见第二章），正弦曲线下方的面积正好等于 1；由于矩形的总面积为 $\frac{\pi}{2} \times 1 = \frac{\pi}{2}$，我们发现，火柴与边界线（火柴长度等于条纹宽度的情况下）相交的概率是：$\frac{1}{\pi/2} = \frac{2}{\pi}$。

---

1. 半径为 1 的圆周长等于它的直径乘以 π，也就是 2π。因此直角对应的圆弧长度是 $2\pi/4$，即 $\pi/2$。

在这个案例中，π 竟然出人意料地冒了出来，18 世纪的科学家布丰伯爵（Count Buffon）首次观察到了这个有趣的现象，所以"火柴与旗帜"问题又叫布丰问题。

勤勉的意大利数学家拉兹瑞尼（Lazzerini）真的做了这个实验，他扔了 3408 次火柴，结果观察到，火柴与边界线相交的情况一共出现了 2169 次。将这个结果代入布丰方程，那么 $\pi = 2 \times \frac{3408}{2169} \approx 3.1415929$，精确到了小数点后第七位！

当然，这的确是个验证概率规则的有趣实验，但也并不比扔硬币更有趣：要是你连续扔几千次硬币，然后用总的次数除以正面向上的次数，得到的结果肯定是 2。当然，你最后算出来的数应该是 2.0000000……误差大概和拉兹瑞尼算出的 π 一样小。

4 "神秘的"熵

上面这几个计算概率的例子都和实际生活密切相关。我们从中学到，根据概率预测事件结果，这种方法在样本数量较少时常常令人失望，但试验次数越多，它就越准确。所以概率定律特别适合用来描述数量近乎无限的原子和分子，要知道，我们能够方便操控的最小的物体都包含着亿万个这样的粒子。因此，虽然统计学定律在描述醉鬼走路的时候只能给出一个近似的结果，因为案例中的醉鬼只有半打，他们每个人可能只会转二三十次弯；但如果将同样的定律应用于每秒钟都会碰撞几十亿次的几十亿个染色分子，我们却能得出最精准的物理学扩散定律。我们还可以说，起初只溶解于试管内一半水中的染料之所以倾向于均匀扩散到所有溶液中，是因为相对于初始状态而言，这样的均匀分布出现的概率更大。

正是出于同样的原因，此时此刻，就在你坐着读书的这间屋子里，从墙壁到墙壁、从地面到天花板都充斥着均匀的空气；你连想都不会去想，房间中的空气有可能突然自发聚集到某个遥远的角落里，让坐在椅子上的你窒息而死。但是从物理学的角度来说，这么可怕的事情并不是绝不可能发生，只是概率很低。

要讲清楚这个问题，我们不妨假设一间屋子被一道虚拟的垂直面分成了相等的两半，然后考虑一下，空气分子在这两个部分中最可能的分布是什么样的。当然，这个问题和我们上一节讨论过的扔硬币问题完全一样。如果我们挑出一个单独的分子，那么它出现在房间左半部分和右半部分的概率完全相同，就像你扔硬币的时候，正反面出现的概率也完全一样。

第二个、第三个以及其他所有分子也同样遵循概率相等的分布规则，每个分子出现的位置都和其他分子全然无关。[1]因此，空气分子在房间左半部分和右半部分的分布

---

1. 事实上，由于气体分子之间的距离很大，一定体积的空间中虽然分布着大量分子，但却并不拥挤，新的分子仍能从容进入。

规律和多次扔硬币时正反面的分布规律完全相同。正如你在图 84 中看到的，在这种情况下，最可能出现的结果是"五五开"。从这幅图中我们还能看到，扔硬币的次数越多（空气分子数量越多），五五开的概率就越大；只要试验次数积累得够多，结果几乎一定是五五开。普通大小的房间中大约有 10^{27} 个分子，[1] 这些分子同时聚集在房间右半部分的概率是：

$$\left(\frac{1}{2}\right)^{10^{27}} \approx 10^{-3 \times 10^{26}}$$

也就是说，$1/10^{3 \times 10^{26}}$。

从另一方面来说，由于空气分子的运动速度大约是每秒 0.5 千米，它只需要 0.01 秒就能从房间这头跑到那头，所以这些分子在房间中的分布情况每秒都会变化 100 次。[2] 因此，要让房间中的所有空气聚集到一边，我们需要等待 $10^{29999999999999999999999998}$ 秒，但现在宇宙的总寿命只有 10^{17} 秒！所以你大可以放宽心继续读书，不必担心突然被憋死。

我们再讲一个例子，你可以想想放在桌上的一杯水。我们知道，由于无规律热运动的存在，水分子时时刻刻都在以极高的速度朝任意方向运动，但内聚力将它们凝聚在

---

1. 如果这个房间长 15 英尺，宽 10 英尺，高 9 英尺，那么它的体积是 1350 立方英尺，或者说 5×10^7 立方厘米，因此房间内共有 5×10^4 克空气。由于空气分子的平均质量是 $30 \times 1.66 \times 10^{-24} \approx 5 \times 10^{-23}$ 克，分子的总数就等于（5×10^4）/（5×10^{-23}）= 10^{27}。

2. 实际上由于分子运动是连续的，房间内空气分子的分布时时刻刻都在变化。——译注

一起，不让它们四下飞散。

由于每个独立分子的运动方向都完全遵循概率分布，我们或许可以想想，在任意给定时刻，杯子里一半的水分子（比如说上半部分）全都向上运动，而杯子下半部分的所有分子全都向下运动，这样的情况出现的概率有多大。[1]在这种情况下，作用于上下两半分子水平分界面上的内聚力无法再阻止它们"分开的共同心愿"，我们将观察到一幕罕见的物理现象：杯子里一半的水突然像子弹一样自发地喷向天花板！

还有一种可能性是，水分子所有的热运动能量都集中于上半部分的分子里，在这种情况下，下半部分的水会突然冻结，上半部分的水则开始剧烈沸腾。为什么你从没见过这样的事情？并不是因为它绝对不可能发生，而只是因为它发生的概率极低。事实上，你可以算一算原本完全随机运动的分子突然有一半向上运动、一半向下运动的概率，然后你会发现，这种事情发生的概率和所有空气分子同时聚在房间一角一样低。同样地，水分子互相碰撞导致部分分子失去绝大部分能量、部分分子得到可观能量，这种情况出现的概率也低得可以忽略不计。因此，我们实际观察到的分子运动总是按照可能性最大的情况来进行。

如果分子的初始位置或速度不符合可能性最大的情况，

---

1. 根据动量守恒原理，所有分子不可能同时朝同一方向运动，所以我们只能考虑一半向上一半向下的情况。

比如说，在房间一角释放一些气体，或者在冷水上面倒一些热水，那么必然会发生一些物理变化，使我们的整个系统从可能性较低的状态逐渐变成最可能的状态。气体会在房间中扩散，直至均匀分布；杯子顶部的热量将流向底部，直至整杯水温度相同。因此，我们或许可以说，所有依赖于分子不规律运动的物理过程必然朝着可能性更大的方向发展，直至最后达到可能性最大的平衡态。房间中空气分布的例子告诉我们，分子各种分布状态出现的概率常常是一些很不方便的极小的数字（比如说，所有空气集中在半个房间中的概率是 $10^{-3 \times 10^{26}}$），所以我们一般用对数来指代它们。这个物理量叫作熵，在所有与物质不规律热运动有关的问题中，熵是一个非常重要的参数。刚才我们描述物理过程中概率变化的那句话可以重新表述为：物理系统中任何自发的过程必然朝着熵增的方向发展，直至最后达到熵最大的平衡态。

这就是著名的熵增定律，又叫热力学第二定律（第一定律是能量守恒定律），你已经看到了，这条定律其实并不可怕。

熵增定律又叫无序度增加定律，因为我们在上面几个例子里已经看到，分子的位置和速度完全随机分布时，熵达到最大值，所以任何试图为分子运动引入一定秩序的努力必将导致熵减。熵增定律还有另一个更实用的方程，可以通过热转化为机械运动的问题归纳出来。如果你还记得，热实际上是分子的无规律机械运动，那么你应该很容易理解，要将给定物质蕴含的热完全转化为宏观运动的机械能，这等同于迫使该物体的所有分子朝一个方向运动。不过，在半杯水突然同时喷向天花板的那个例子里，我们已经看到，这样的情况出现的可能性极低，我们可以认为它不可能实际发生。因此，虽然机械能可以完全转化为热能（比如说通过摩擦），但热能却不可能完全转化为机械能。这条定律否认了所谓的"第二类永动机"[1]出现的可能性，这种假想装置能从正常温度的物体中吸收热量使其变冷，然后利用得到的能量做机械功。比如说，蒸汽船的锅炉靠烧煤产生蒸汽，如果把锅炉换成第二类永动机，它就能将海水泵入发动机室，从水中吸收热量制造蒸汽，再把失去热量的海水结成的冰块扔回海里——但这样的事情绝不可能发生。

但普通的蒸汽发动机为什么就能将热转化为运动，同时并不违背熵增定律呢？奥秘在于蒸汽发动机利用的只是燃料燃烧产生的一部分能量，更多能量以废气的形式排了出去，或者被专门安装的冷却设备吸收了。在这种情况下，整个系统内的熵发生了两种相反的变化：1. 部分热量转化为活塞的机械能，这是一个熵减的过程；2. 锅炉的另一部分热量流入冷却设备，这是一个熵增的过程。熵增定律要求的只是系统的总熵增加，只要后面这部分增加的熵超过前面那部分减少的熵就行。另一个例子可以帮助我们更好

---

1. 这类永动机区别于无须供应能量就能运转的"第一类永动机"，后者违反了能量守恒定律。

地理解熵增定律。假设有个 5 磅重的砝码放在离地 6 英尺的架子上。根据能量守恒原理，这个砝码不可能在没有外力作用的情况下自己跑到天花板上。从另一方面来说，它却有可能将自己的部分重量掷向地板，由此获得能量，让剩余的部分飞上去。

同样地，我们可以允许系统内的局部区域出现熵减，只要其余部分增加的熵足以补偿差额。换句话说，我们的确能让系统内部分区域的分子无序运动变得更有序，只要我们不在乎这样的操作会让其他区域的分子运动变得更无序。实际上，很多情况下（例如各种热功机械）我们的确不在乎。

5 统计涨落

通过上一节的讨论，你应该明白，熵增定律及其所有推论完全基于一个事实：宏观物理世界中的所有物体都由大量独立分子组成，由于样本数量极多，我们做出的所有预测都拥有极高的精准度，几乎可视为百分百准确。但是如果物质的量非常非常少，这样的预测就没那么靠得住了。

举个例子，如果在上一节中我们讨论的不是整个房间的所有空气，而是很少的一点点空气，比如说一个边长仅

有百分之一微米 [1] 的立方体，那情况就完全不一样了。事实上，由于我们的立方体体积只有 10^{-18} 立方厘米，它包含的分子数量只有 $\frac{10^{-18} \times 10^{-3}}{3 \times 10^{23}} = 30$ 个，那么所有分子聚集在立方体中一半空间的概率是 $(\frac{1}{2})^{30} = 10^{-10}$。

从另一方面来说，由于立方体体积极小，分子位置更新的频率是每秒 5×10^{10} 次（0.5 千米 / 秒的速度除以 10^{-6} 厘米边长），所以立方体空了一半的情况我们大约每秒都能看到好几次。不用说，在我们这个小小的立方体里，部分分子聚集在某个角落的情况更容易发生。比如说 20 个分子在左 10 个分子在右（也就是左边的分子只多了 10 个），这种情况发生的频率是

$(\frac{1}{2})^{10} \times 5 \times 10^{10} = 10^{-3} \times 5 \times 10^{10} = 5 \times 10^{7}$

即每秒发生 50,000,000 次。

因此，微观尺度下空气分子的分布其实并不均匀。如果放大足够的倍数，你会看到气体内的分子不断聚成小团，然后很快散开，但其他位置又会出现类似的分子团。这种效应叫作密度涨落，它在很多物理现象中扮演了重要的角色。比如说，阳光穿过大气的时候，空气中不均匀的分子团会散射蓝光，所以你才会看到蓝色的天空，太阳看起来也比实际颜色更红。落日时太阳变红的效应表现得特别明显，因为这时候阳光必须穿过靠近地面的密度最大的空气

---

1. 1 微米等于 0.0001 厘米，通常表示为希腊字母 μ。

层。如果没有密度涨落效应，天空将一片漆黑，我们在白天也能看到星星。

普通液体也有密度和压力的涨落效应，只是看起来不那么明显；所以我们可以换一种方式来描述布朗运动：水中的悬浮微粒之所以会被推来挤去，是因为它在不同方向上受到的压力总在快速变化。当液体被加热到临近沸点时，密度涨落变得更加明显，让液体看起来略带乳白色。

现在我们可以问问自己，对于这种主要受统计涨落效应影响的小物体，熵增定律还管不管用呢？譬如说，一辈子都被周围分子推来搡去的细菌当然会对"热无法完全转化为机械运动"的描述嗤之以鼻！但是在这种情况下，与其说熵增定律失效，我们不如说它失去了意义。事实上，熵增定律描述的是，分子运动不能完全转化为包含海量独立分子的宏观物体的运动。但对于尺度不比分子大多少的细菌来说，热运动和机械运动之间的分野其实并不存在；它感受到的分子碰撞和我们在拥挤人群中感受到的推搡完全一样。如果我们是细菌，那我们只需要把自己绑在飞轮上就能制造出第二类永动机，但如果真是这样的话，我们就失去了能够理解、使用机械装置的大脑。所以我们不是细菌，这也没什么可遗憾的！

乍看之下，生命体的存在似乎完全违反了熵增定律。事实上，一株生长的植物能将简单的二氧化碳分子（来自空气）和水分子（来自大地）组合起来，制造出组成自己身体的复杂有机物分子。简单分子变成复杂分子意味着熵减；木头燃烧或者腐烂，将自身分子转化为二氧化碳和水蒸气，这才是正常的熵增过程。那么植物真的违反了熵增定律吗？难道它们生长的力量真的来自古代哲学家所说的神秘"生命力"？

但只要深入分析一下，你就会发现，所谓的矛盾其实并不存在，因为除了二氧化碳、水和某几种盐以外，植物还需要充足的阳光才能生长。阳光提供的能量将储存在植物材质内，或许未来某天，这些能量将在植物燃烧时再次被释放；除此以外，阳光还带来了所谓的"负熵"（熵减），植物的绿叶吸收了阳光，负熵也随之消失。因此，植物叶子里发生的光合作用包括两个相互联系的过程：a）阳光的能量转化为复杂有机分子的化学能；b）来自阳光的负熵降低了植物的熵，所以它才能将简单分子组合成复杂分子。用"有序对无序"的术语来说，太阳辐射被植物绿叶吸收时，它蕴含的内在秩序也被夺走、转交给了分子，因此这些分子才能组合形成更复杂有序的结构。植物利用来自阳光的负熵（秩序），以无机化合物为原料构建自己的身体；而动物只能吃掉植物（或者其他动物），靠这种方式来获得负熵，所以我们可以说，动物是负熵的间接使用者。

第九章　生命之谜

1　我们由细胞组成

讨论物质结构的时候，我们暂时跳过了数量相对较少但非常重要的一个组别，这些造物迥异于宇宙中的其他所有物体，因为它们是活的。生命体和非生命体之间的重要区别到底是什么？基本物理法则成功地解释了非生命物质的性质，但它能解释生命现象吗？

说起生命现象，我们想到的通常是一些相对比较大、比较复杂的生命体，比如说一棵树，一匹马，或者一个人。但是要想研究生命体的基本性质，如果你试图从这些复杂的有机系统入手，那恐怕会徒劳无功，就像你没法通过汽车之类的复杂机械研究无机物的结构。

如果你非要这样做，那肯定会遇到很多困难，因为飞驰的汽车由数千个形状各异的部件组成，每个零件的原材料及其物理状态各不相同，其中有的是固体（例如钢质底盘、铜线和挡风玻璃），有的是液体（例如水箱里的水，油箱里的汽油，还有机油），有的是气体（例如化油器喷进汽缸的混合物）。要分析汽车这么复杂的物体，我们首先必须将它分解成物理成分均匀的独立部件。于是我们发现，汽车的成分包括金属（钢、铜、铬等）、多种玻璃状材料（玻璃和汽车结构中的塑性材料）、均匀液体（水和汽油）等等。

利用现有的物理学研究方法继续深入探查，我们发现汽车上的铜质零件由许多独立的细小晶体构成，这些晶体是由普通铜原子紧靠在一起、层层堆叠而成的；水箱里的水其实是许许多多的水分子，它们之间的联系相对比较松散，每个水分子由一个氧原子和两个氢原子构成；通过阀门进入汽缸的燃烧剂则是氧分子、氮分子和汽油分子的气态混合物，而汽油分子又由碳原子和氢原子组成。

同样地，分析复杂生命体（例如人体）的时候，我们也必须先将它分解成独立的器官，例如大脑、心脏和胃，然后再将这些器官拆分成生物性质均匀的原材料，这些材料有一个共同的名字：组织。

从某种意义上说，各种组织形成复杂生命体的原理类似我们用物理性质均匀的各种物质制造机械装置。从这个角度来看，研究各种组织的特性来分析生物整体功能的解剖学和生理学其实类似工程学，后者所做的也是根据我们所知道的原材料的机械、电磁和其他物理性质来研究各种机械的功能。

所以要解开生命之谜，我们要做的不仅仅是研究组织如何组成复杂生命体，还得进一步探查各种各样的原子如何形成组织，进而组成每一个活生生的生命。

如果你认为生物性质均匀的活组织跟其他物理性质均匀的普通物质差不多，那就错得太离谱了。事实上，随便挑一种组织（无论它是皮肤组织、肌肉组织还是脑组织），用显微镜观察一下你就会发现，每种组织都由大量独立单位构成，这些小单位的性质大体上决定了组织的整体特性（图90）。这些生命体的基本结构单元通常被称为"细胞"，你也可以叫它"生物原子"（即"不可分割之物"），因为单个的细胞是保持特定组织特性的最小单位。

比如说，如果将肌肉组织切成只有半个细胞的一小块，它就会失去肌肉的收缩特性，这就像只剩半个镁原子的"金属片"也不再是镁金属，其实它已经变成了一小块碳！[1]

构成组织的细胞尺寸很小（平均直径只有百分之一毫米[2]）。我们熟悉的任何动植物都由极大量独立细胞组成。比如说，成年人的身体包含了几百万亿个细胞！

当然，体型较小的生物拥有的细胞数量相对也比较少；比如说，家蝇和蚂蚁体内只有几亿个细胞。单细胞生物也是一个庞大的家族，阿米巴虫、真菌（皮癣感染就是真菌引起的）和细菌都是这个家族的成员，你只有通过高倍显

---

1. 你应该记得，前面讨论原子结构的时候我们说过，镁原子（原子序数12，原子量24）的原子核由12个质子和12个中子组成，原子核外包裹着12个电子。如果将镁原子一分为二，我们将得到两个分别包含了6个质子、6个中子和6个外层电子的原子——换句话说，两个碳原子。

2. 但有的细胞长得特别大，举个大家都很熟悉的例子，鸡蛋里的蛋黄就是一个独立的细胞。不过，在这种情况下，细胞内部有生命的关键部分尺寸依然很小，你看到的一大块蛋黄其实只是鸡胚胎发育所需的养料。

微镜才能看到这些只有一个细胞的小家伙。这些独立的活细胞不需要承担复杂生命体内的"社会功能",针对它们的研究写就了生物学领域最激动人心的篇章。

要理解生命的一般特性,我们必须弄清活细胞的结构和性质。

活细胞与无生命物质,或者更确切地说,与死细胞(例如写字台里的木头细胞或者皮鞋里的皮革细胞)的区别到底是什么?

活细胞独特的基本性质包括下面几种能力:1.从周围介质中摄取自己需要的养料;2.将这些养料转化为生长发育所需的物质;3.活细胞的几何尺寸增长到一定程度以后会分成两个相似的细胞,其中每个细胞都跟自己原来的尺寸差不多,而且可以生长发育。当然,独立细胞组成的更复杂的生命体也普遍拥有这三种能力:"进食""发育"和"繁殖"。

拥有批判性思维的读者或许会提出反对意见,因为某些无生命的物质也拥有这三种性质。举个例子,如果我们将一小块盐晶体丢进过饱和盐溶液里,[1]它会吸收(或者说"剥离")水中多余的盐分子。这些分子一层层堆积在晶体表面,于是晶体开始生长。我们甚至可以想象,在某些机

---

1. 你可以将大量盐溶解在热水里,然后让它冷却至室温,从而得到过饱和盐溶液。因为水溶解盐的能力会随着温度下降而减弱,所以水中的盐分子超过了水的溶解能力。但是,在没有外界干扰的情况下,这些多余的盐分子还将在溶液中停留很长一段时间,除非我们扔进去一小块盐晶体;可以说,这块晶体提供了"第一推动",在它的组织下,水中的盐分子纷纷逃离过饱和溶液。

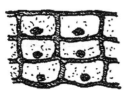

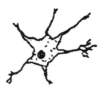

CELLS FORMING PLANT TISSUE
构成植物组织的细胞

A CELL FROM MUSCLE TISSUE
一个来自肌肉组织的细胞

A CELL FROM BRAIN TISSUE
一个来自脑组织的细胞

图 90
各种细胞

械作用的影响下，譬如说晶体越长越大，最终它无法承受自己的重量裂成了两半，由此形成的"子晶体"又会继续生长。这样的过程怎么就不是"生命现象"呢？

要回答这个问题和其他类似的疑问，首先我们必须说明一点：生命虽然复杂，但从本质上说，它和普通的物理现象和化学现象并无区别，所以我们很难在生命和非生命之间划出明确的界线。这就像用统计学规律描述极大量独立分子组成的气体行为时（见第八章），我们也说不清这种描述确切的适用范围。事实上，我们知道，房间里的空气绝不会突然聚集到角落里，或者至少可以说，这种罕见的情况出现的概率非常非常小。但从另一方面来说，我们也知道，如果整个房间里只有两个、三个或者四个分子，那么所有分子就会经常聚于一角。

那么整个房间里的分子到底会不会聚集在同一个角落里，区分这两种情况的分子数量到底是多少？一千个？

一百万个？还是十亿个？

同样地，研究基本生命过程的时候，我们也无法在盐溶液结晶这种分子层面的现象与活细胞生长、分裂的现象之间划出一条明确的界线，虽然后者比前者复杂得多，但它们看起来似乎没有本质上的区别。

不过，对于眼下这个例子，我们可以说，盐溶液中晶体的生长不算生命现象，因为晶体发育所需的"食物"进入它的身体后并未发生变化。原本溶解于水的盐分子只是简单地堆积在生长的晶体表面，所以这只是普通的机械堆积过程，而不是典型的生化同化过程。晶体的"繁殖"也不过是在纯粹的机械外力（重力）作用下偶然裂成两块形状不规整的碎片，截然不同于活细胞的分裂，后者完全由内部力量驱动，而且子代和亲代严格保持一致。

其实有一个更接近生物学过程的例子，比如说，我们可以在二氧化碳的水溶液中加入一个酒精分子（C_2H_5OH），如果这个分子立即开始自我增殖，将一个水分子（H_2O）和一个溶解的二氧化碳分子（CO_2）结合起来，形成新的酒精分子，[1]那么一滴威士忌就能将一整杯普通苏打水变成烈酒。要是真的发生了这样的事情，我们就不得不将酒精视为活物了！（见图 91）

---

1. 这个虚构的反应方程如下：
$$3H_2O+2CO_2+[C_2H_5OH] \rightarrow 2[C_2H_5OH]+3O_2$$
根据这个方程，一个酒精分子能制造出两个同样的分子。

这个例子并非纯粹的妄想，很快我们就将看到，的确存在一种名叫病毒的复杂化学物质。它们的复杂分子（每个分子由几十万个原子组成）的确会从周围的介质中撷取原材料，生成类似自身的结构单元。这些病毒微粒既是普通的化学分子，又是生命体，所以它们正是生命和非生命物质之间"缺失的一环"。

不过现在，我们必须回过头来研究普通细胞生长繁殖的问题，因为细胞虽然复杂，但仍比这些分子简单得多，所以它才是最简单的生命体。

透过高倍显微镜，你会看到典型的细胞由半透明的胶状物构成。这种材料的化学结构非常复杂，我们统称为原生质。原生质周围包裹着一层"围墙"，动物细胞的"围墙"（细胞膜）薄且富有弹性；植物细胞的"围墙"（细胞壁）

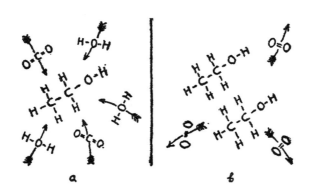

图91
酒精分子利用水和二氧化碳生成另一个酒精分子的示意图。如果酒精真能这样"自我繁殖"，我们就应该将它视为活物

又厚又重，所以植物的身体总是比动物僵硬（见图90）。每个细胞内部各有一个小球，也就是细胞核，它是由染色质组成的细密网络（图92）。这里必须注意的是，正常情况下，细胞内各个部分的原生质透明度完全相同，所以我们无法通过显微镜直接观察活细胞的内部结构。要看到这些结构，我们必须给细胞材料染色，因为各个部分的原生质吸收染色材料的能力不尽相同。组成细胞核的网状材料特别容易染色，所以在颜色较浅的背景中，我们可以清晰地观察到它。[1] "染色质"（chromatin）也因此而得名，在希腊语中，这个词的意思是"吸收颜色的物质"。

细胞关键的分裂过程即将开始的时候，细胞核的网络结构会变得跟平时很不一样，它看起来由一系列独立的微粒（图92b、c）组成，这些微粒通常呈纤维状或棒状，我们称之为"染色体"（"吸收颜色的物体"）。见照片VA、VB（p.399）。[2]

特定物种体内的所有细胞（除了所谓的生殖细胞以外）包含的染色体数量完全相同，一般来说，越高级的生命拥有的染色体数量越多。

小小的果蝇拥有一个骄傲的拉丁学名：Drosophila

---

1. 有个类似的例子：你可以用蜡烛在纸上写几个字，正常情况下，这些字是看不见的，但如果你用一支黑色的铅笔涂抹整个纸面，蜡烛写的字就会凸显出来。因为石墨无法渗入有蜡的纸面，所以你写的字会凸现在黑色的背景中。
2. 千万别忘了，给活细胞染色的时候，我们通常会将它杀死，细胞也无法继续发育了。所以要拍摄细胞分裂的过程图（如图92），我们需要给几个处于不同发育阶段的细胞染色（同时杀死它们）。但这并不影响细胞分裂的原理。

melanogaster，它帮助生物学家解开了许多基本的生命之谜，这种动物的每个细胞里有 8 条染色体。豌豆细胞拥有 14 条染色体，玉米则有 20 条。生物学家和其他所有人的每个细胞里有 46 条染色体，这真是件值得骄傲的事情，因为从数学角度来说，我们或许可以认为人比苍蝇优秀 6 倍，但这并不意味着拥有 200 条染色体的螯虾就比人类优秀 4 倍以上！

各个物种细胞内的染色体有一个重要的特性：它们总是成对出现；事实上，每个活细胞（但也有例外，我们稍后再讨论）里有两套几乎完全一样的染色体（见照片 VA）：其中一套来自母亲，另一套来自父亲。父母双方复杂的遗传特性通过这两套染色体代代相传，所有生物都是这样。

细胞的自发分裂从染色体开始，每条染色体沿着长度方向整齐地分裂成两条完全相同但比原来细一点儿的纤维，这时候细胞本身仍是原封未动的整体（图 92d）。

大约就在细胞核内纠缠的染色体准备开始分裂的时候，细胞核边界附近两个名叫中心体的紧挨着的小点渐渐远离彼此，分别向细胞两端运动（图 92a、b、c）。我们可以看到，逐渐分离的中心体与细胞核内的染色体之间仍有细线相连。等到染色体一分为二，这些细线就会收缩，将新生成的染色体分别拉向细胞两端的中心体（图 92e、f）。这个过程接近尾声的时候（图 92g），细胞膜开始沿着中线凹陷（图 92h），逐渐形成一层薄膜，最终细胞的左右两半彻底分开，成为两个全新的独立细胞。

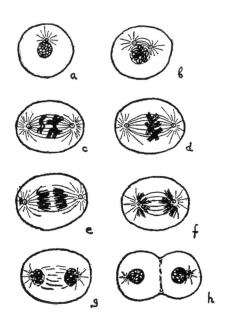

图 92
细胞分裂的各个阶段（有丝分裂）

如果这两个子细胞能从外界获得充足的食物，那么它们最终会长得跟母细胞一样大（体积变成原来的 2 倍）；经过一段时间的休整以后，子细胞还会再次分裂，过程和我们刚才介绍的一模一样。

我们可以直接观察细胞分裂的各个步骤，但却无法做出进一步的科学解释，因为根据目前的观察结果，我们完全不知道驱动这一过程的生化力量到底拥有什么样的特性。整个的细胞似乎还是太复杂，难以进行直接的物理分析；

要解开细胞分裂的谜题，首先我们必须理解染色体的特性——这个问题相对比较简单，我们将在接下来的章节中讨论。

不过在此之前，我们应该想想，在多细胞复杂生命体的繁殖过程中，细胞分裂扮演着怎样的角色。或许我们可以试着问一句，先有鸡还是先有蛋？但事实上，要描述这样的循环过程，起点其实无关紧要，无论是从即将孵出小鸡（或者其他动物）的蛋开始，还是从即将下蛋的鸡开始，结果都一样。

我们不妨从刚刚出壳的"小鸡"说起。小鸡破壳而出（或者说诞生）的那一刻，它体内的细胞正在连续不断地分裂，所以小鸡会经历一个快速生长发育的过程。你应该记得，成年动物体内有数万亿个细胞，这些细胞都是由一个受精卵分裂出来的。说到这里，你自然会想，要产生这么多细胞，受精卵得连续分裂多少次呀。不过只要想想第一章中西萨·本向国王讨赏的故事和世界末日问题，你就会明白几何级数的力量。要获得这么多细胞，其实不需要连续分裂太多次。假设人的细胞需要连续分裂 x 次才能从受精卵发育为成年人，考虑到每次分裂细胞数量都会翻倍（因为每个细胞都会分裂成两个），我们或许可以用下面这个方程算出受精卵发育成人的分裂总次数：$2^x=10^{14}$，解方程可得 x=47。

于是我们看到，成年人体内的每一个细胞都是最初那个受精卵的大约第 50 代子孙。[1]

　　未成年的动物细胞分裂速度很快，但成年人体内的大部分细胞通常处于"休眠状态"，它们偶尔才会分裂一次，以维持生命、补充损耗。

　　下面我们要讲的是一种非常重要的细胞分裂过程，它会产生所谓的"配子"或者说"婚姻细胞"，帮助动物实现繁殖。

　　所有双性生命体在诞生之初都会将一部分细胞"储存"起来，以备将来繁殖所需。这些细胞位于特殊的繁殖器官内，在生物发育成长的过程中，它们分裂的次数比其他普通细胞少得多，所以直到生物准备繁殖后代的时候，这批储备的细胞依然十分新鲜、活力十足。除此以外，繁殖细胞的分裂过程比我们刚才讲的普通细胞分裂过程简单得多：它们细胞核内的染色体不会先复制自身然后一分为二，而是直接分配到两个细胞里（图 93a、b、c），所以每个子细胞内包含的染色体只有母细胞的一半。

　　这些"染色体数量不足"的细胞诞生的过程叫作"减数分裂"，与此相对，普通的分裂过程被称为"有丝分裂"。减数分裂产生的子细胞被称为"精细胞"和"卵细胞"，或者说雄性配子和雌性配子。

---

1. 有趣的是，我们可以比较一下人体发育所需的细胞分裂次数和原子弹爆炸所需的原子分裂次数（见第七章）。假设铀原子需要连续分裂 x 次，才能让 1 千克铀原料中的每一个原子（1 千克铀共有 $2 \times 5 \times 10^{24}$ 个原子）都产生裂变，那么我们可以列出一个类似的方程：$2^x = 2 \times 5 \times 10^{24}$，解方程可得 x=61。

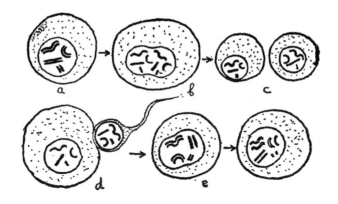

图 93

配子形成（a、b、c）和卵细胞受精（d、e、f）。第一个过程（减数分裂）中，储存的生殖细胞内成对的染色体没有分裂，而是直接分配到了两个"半细胞"里；而在第二个过程（配子结合）里，雄性精细胞钻进雌性卵细胞里，双方染色体配对结合形成受精卵，然后受精卵开始进行图 92 所示的正常分裂

认真的读者或许会问，既然初始繁殖细胞分成了完全相同的两半，那么配子为何又有雌雄两种不同的特性呢？要解释这个问题，我们需要回头去看刚才我们对染色体的描述。我们说，每个活细胞拥有两套几乎完全相同的染色体，事实上，雌性动物体内的两套染色体的确完全相同，但雄性动物的两套染色体却不太一样。这些特殊的染色体叫作性染色体，我们将它们分别标记为 X 和 Y。雌性体内的细胞总是拥有两条 X 染色体，而雄性则拥有一条 X 染色体和一条 Y 染色体。[1]一条 X 染色体被换成了 Y 染色体，这就

---

1. 这段描述适用于人类和其他所有哺乳动物。但鸟类的情况却不太一样，比如说，公鸡拥有两条完全相同的 X 染色体，但母鸡却有 X 和 Y 两种性染色体。

是性别差异的本质来源（图94）。

　　由于雌性动物储存的所有繁殖细胞都拥有一对两条 X 染色体，所以当这些细胞通过减数分裂一分为二的时候，生成的每个"半细胞"（或者说配子）都将得到一条 X 染色体；与此同时，每个雄性生殖细胞拥有一条 X 染色体和一条 Y 染色体，所以它分裂形成的两个配子将分别携带这两条不同的性染色体。

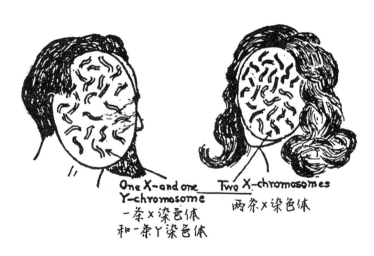

图94
男女的"面值"差异。女性体内的所有细胞都包含着48条完全对称的染色体，但男性体内却有一对不对称的性染色体。女性拥有一对两条 X 染色体，男性拥有一条 X 染色体和一条 Y 染色体

雄性配子（精子）通过受精过程与雌性配子（卵细胞）结合，由此形成的新细胞有 50% 的可能性拥有两条 X 染色体，还有 50% 的可能性拥有一条 X 染色体和一条 Y 染色体。如果是前面那种情况，受精卵就将发育成一个女孩，反之则是男孩。

这个重要的问题我们留到下一节再来讨论，现在我们继续了解繁殖过程。

雄性精细胞与雌性卵细胞结合形成一个完整的细胞，这个过程叫作"配子结合"；接下来，受精卵通过图 92 所示的"有丝分裂"过程一分为二。两个新形成的细胞经过短时间休整后各自再一分为二；第三代的四个细胞继续重复这个过程，就这样不断循环。每一代子细胞都将完整继承上一代细胞的全部染色体，追根溯源，这些染色体都源自最初的受精卵，其中一半来自父亲，一半来自母亲。受精卵发育成人的过程如图 95 所示。在小图 a 中，我们可以看到精子钻进了休眠的卵细胞。

两个配子的结合促进了新细胞的活动，现在它先是一分为二，然后再分成 4 个、8 个、16 个，就这样不断生长（图 95b、c、d、e）。独立细胞积累到一定数量后就会排成囊状，以便吸收周围的营养物质。这个阶段的生命体看起来就像一个中空的小气泡，我们称之为"囊胚"（f）。再过一段时间，囊胚的空腔壁开始向内凹陷（g），生命体由此进入下一个阶段：原肠胚（h）。这个阶段的生物看起来就

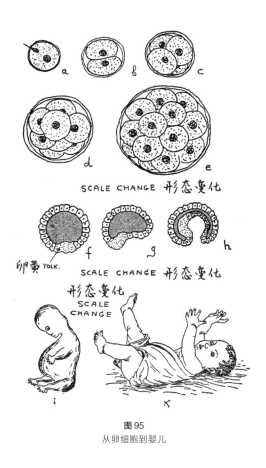

SCALE CHANGE 形态变化

卵黄 YOLK. SCALE CHANGE 形态变化

形态变化 SCALE CHANGE

图95
从卵细胞到婴儿

像一个小袋子，袋口同时承担摄入新鲜食物、排出消化后的残渣这两种功能。一些简单的动物终其一生都停留在这个阶段，例如珊瑚虫。但更高级的物种还将进一步成长分化，一部分细胞发育成骨骼，另一部分形成消化系统、循环系统和神经系统。经历了胚胎期（i）的各个阶段以后，动物终于发育成了具有鲜明物种特征的幼体（k）。

我们前面说过，在生命体发育的极早期，一部分细胞会被"放到一边储存起来"，以备将来繁殖所需。等到动物发育成熟，这些细胞将通过减数分裂生成配子，开启新的循环。生命就这样一路向前，从不停歇。

2 遗传和基因

繁殖过程最重要的特征在于，父母双方的配子结合产生的新生物绝不会随随便便长大，它必将发育成父母（以及父母的父母）忠实（但并非全盘照抄）的复制品。

事实上，我们有十足的把握，一对爱尔兰长毛猎犬生下的幼崽一定是狗，而不是大象或者兔子；除此以外，它的体型也一定和父母差不多，绝不会长成大象那样的庞然大物或者兔子那样的小不点儿；它一定拥有四条腿、一条长尾巴和两只耳朵，鼻子两边各有一只眼睛。我们还可以保证，它的耳朵一定会软趴趴地垂在脑袋两侧，它会长出一身金棕色的长毛，而且它很可能喜欢捕猎。这只小狗会继承爸爸、妈妈或者祖辈的许多小特征，除此以外，它也有自己的独特之处。

爱尔兰长毛猎犬的这些特性是如何通过配子内的微观物质片段传递给小狗的？

正如我们刚才看到的，新生物的染色体必然有一半来自父亲，一半来自母亲。显然，父母双方的染色体肯定都包含着该物种的主要特征，但一些个性化的小特点可能来自父母亲之中的某一方。毫无疑问，长期来看，传承了无数代以后，各种动植物最基本的特征也可能发生变化（生命的演化确凿无疑地证明了这一点），但在有限的观察时间里，我们只能看到一些不太重要的特征发生一些轻微的变化。

作为一门新的学科，基因学研究的主要课题正是生命体的这类特征及其从亲代到子代的传递过程。虽然这门学科刚刚起步，但它已经为我们讲述了生命最隐秘的许多精彩故事。比如说，我们已经知道，和其他大部分生物学现象不同，遗传过程几乎完全遵循简单的数学规律，这意味着它是一种基本的生命现象。

大家都很熟悉的视力缺陷——色盲——就是个很好的例子。色盲症最常见的症状是红绿色盲。要理解色盲症的来源，首先我们必须弄清人眼分辨颜色的机制、研究视网膜的复杂结构和特性、探究不同波长的光引起的光化学反应，如此等等。

我们还可以问问自己，色盲是怎么遗传的。乍看之下，这个问题似乎比色盲的成因还复杂，但实际上，它的答案却简单得出人意料。根据观察到的事实，我们知道：1. 男性罹患色盲症的概率远高于女性；2. 色盲男性与"正常"女性生下的孩子绝不会是色盲；3. 但色盲女性与"正常"男性生下的儿子全都是色盲，女儿却不是。上述事实清晰地告诉我们，色盲的遗传与性别有关。我们只能假设，色盲是由染色体缺陷引起的，而且这种视力缺陷会和染色体一起代代相传。基于事实进行一定的逻辑推理以后，我们还可以进一步假设，色盲是由 X 性染色体的缺陷引起的。

有了这样的假设，我们根据经验总结的色盲遗传规律就像水晶一样透明了。你应该记得，女性细胞拥有两条 X 染色体，男性细胞只有一条（另一条是 Y 染色体）。如果男性体内的这条 X 染色体出了问题，那么他就成了色盲；而女性必须两条 X 染色体同时出现问题才会成为色盲，因为一条正常的 X 染色体就足以让她正常分辨颜色。假如 X 染色体出现色盲缺陷的概率是千分之一，那么一千个男人里就有一个色盲；女性两条 X 染色体同时出现色盲缺陷的概率天生就比男人低得多，根据概率的乘法定律可知：$\frac{1}{1000} \times \frac{1}{1000} = \frac{1}{1000000}$，也就是说，1,000,000 位女性里面可能才有一个色盲。

现在我们思考一下色盲丈夫与"正常"妻子生育后代的问题（图 96a）。他们的儿子不会继承父亲的 X 染色体，但会从母亲那边得到一条"好的"X 染色体，因此他绝不会成为色盲。

但从另一方面来说，这对夫妻的女儿将从母亲那里继承一条"好的"X 染色体，再从父亲那里得到一条"坏的"X 染色体。她本人不是色盲，但她的孩子（儿子）却有可能成为色盲。

然后是色盲妻子与"正常"丈夫的组合（图 96b）。这对夫妻的儿子肯定是色盲，因为他体内唯一的 X 染色体必然来自母亲；而女儿将从父亲那里继承一条"好的"X染色体，再从母亲那里继承一条"坏的"X染色体，她本人不是色盲，但和前面那个例子一样，她的儿子也可能成为色盲。真的很简单，对吧！

色盲这一类的遗传特征需要两条染色体都受到影响才会表现出明显的性状，因此我们称之为"隐性遗传特征"。它可能通过一种隐藏的方式隔代相传，所以我们有时候会看到一些悲伤的事情，譬如说，两条漂亮的德国牧羊犬生出来的小狗看起来一点儿都不像它的父母。

"显性遗传"和隐性遗传正好相反，这类遗传特征只需要一条染色体受到影响就会表现出来。为了说明这种情况，我们暂且脱离现实，以一种虚构的奇怪兔子为例，它

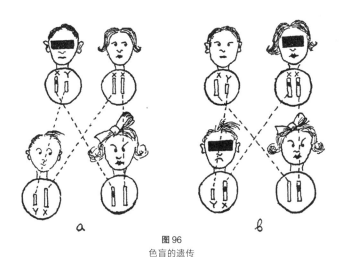

图96
色盲的遗传

的耳朵长得跟米老鼠一样。如果"米老鼠耳朵"是一种显性遗传特征，也就是说，只要这只兔子的一条染色体出了问题，它的耳朵就会长成这种不体面（对兔子来说）的样子。可以预见的是，这样的耳朵将以图97所示的方式遗传给这只兔子的后代（假设这位兔子始祖和它的所有后代都跟正常耳朵的兔子交配）。我们在示意图中用蓝点标出了引发"米老鼠耳朵"的染色体缺陷。

除了显性遗传和隐性遗传以外，还有一种"中性"遗传特征。假设我们的花园里种着红色和白色两种胭脂花，如果红花的花粉（植物的精细胞）被风或者昆虫传播到了另一株红花的雌蕊上，它将和雌蕊根部的胚珠（植物的卵细胞）结合，这样结出的种子开出的依然是红花。要是白

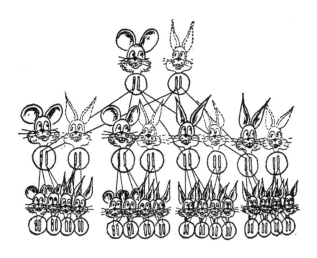

图97

289

花的花粉传给了另一株白花，它们的下一代开出的花朵也是白的。但是如果白花的花粉落在了红花的雌蕊上，或者反之，最后结出的种子就会开出粉红色的花朵。不过我们很容易发现，粉红花的生物学性状并不稳定，它们的下一代继续保持粉红色的概率只有50%，还有25%的概率开出红花，25%的概率开白花。

要解释这种情况，我们只需要假设这种植物细胞的一条染色体携带的颜色信息可能有两种（红色或白色），要让它开出纯色的花朵，两条染色体携带的颜色信息必须完全相同。如果一条染色体携带的信息是"红色"，另一条是"白色"，二者的冲突就会导致植物开出粉红色花朵。图98清晰地列出了"颜色染色体"在花朵后代中的分布，只消看一眼你就会发现，各种颜色出现的概率完全符合我们刚才的描述。除此以外，我们很容易证明，白色和粉红色胭脂花杂交的后代有50%的概率是粉红色，50%的概率是白色，但绝不会开出红花。以此类推，红色和粉红色胭脂花的后代有50%的概率是红色，50%的概率是粉红色，但不会出现白色。近一个世纪前，谦逊的摩拉维亚神父格雷戈尔·孟德尔（Gregor Mendel）在布吕恩附近的修道院花园里种植豌豆的时候无意中发现了这样的遗传规律。

讲到这里，我们已经将生物幼体的各种遗传性状和它从父母那里继承来的不同的染色体联系到了一起。但是由于生物的性状多不胜数，染色体的数目却相对比较少（果

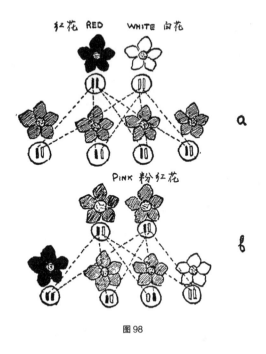

图98

蝇的每个细胞里只有 8 条染色体，人类也只有 46 条），所
以我们不得不假设，每条染色体都携带多种性状。可以想
象，各种遗传性状的相关信息密密麻麻地排列在细长的染
色体上。事实上，看看照片 VA（p.399），它拍摄的是果蝇
（Drosophila melanogaster[1]）唾液腺的染色体，你很容易
觉得，长长的染色体上那些数不清的黑色条带代表的正是
它携带的不同性状。也许有的条带决定了果蝇的颜色，有
的决定了果蝇翅膀的形状，还有的代表着果蝇拥有六条腿，

---

1. 大部分生物的染色体很小，但果蝇的染色体特别大，所以我们可以轻松地利用
   显微设备研究它的结构。

每条长约 1/4 英寸；这些性状组合在一起，让这只动物长成了果蝇的样子，而不是蜈蚣或者小鸡。

事实上，遗传学证明了我们的猜测。我们不但能证明染色体上这些名为"基因"的微型结构单元的确携带着各种各样的遗传性状，而且在很多情况下，我们还知道每段基因携带的具体遗传信息。

当然，就算是在最先进的显微镜下，所有基因看起来还是差不多，它们不同的功能深深隐藏在分子结构内部。

因此，要弄清每段基因"生命的意义"，我们只能深入研究特定动植物物种的遗传特性代代相传的方式。

我们已经看到，新生命的染色体总是一半来自父亲，一半来自母亲。由于父母双方的染色体又分别来自祖父母和外祖父母，你也许会顺理成章地认为，对于父系和母系的祖辈，孙辈只能得到每边一位的染色体。但事实并非如此，有案例表明，孙辈个体有可能同时表现出四位祖辈的遗传性状。

难道我们刚才描述的染色体传递过程有什么不对？事实上，我们的描述一点儿都没错，只是需要做一点儿修正。我们应该考虑到，储存的繁殖细胞通过减数分裂形成两个配子，但在分裂开始之前，成对的染色体常常纠缠在一起，所以它们有可能产生部分的交换。这样的交叉混合（如图99a、b 所示）会导致来自父母双方的基因序列发生混淆，从而产生混合的遗传性状。某些情况下（图99c），单条染色体也可能缠绕成环，然后再重新散开，这也会造成基因顺序错乱（图 99c，照片 VB，p.399）。

　　显然，一对染色体或单条染色体的基因移位，更可能改变那些原本隔得很远的基因的相对位置，紧挨在一起的基因受到的影响相对较小。这就像切牌会改变牌堆上半部分和下半部分的相对位置（原本位于牌堆上下两端的牌被叠到了一起），但原本紧挨在一起的牌只有两张被拆开了。

　　因此，在染色体交叉混合的过程中，如果我们观察到某两个遗传性状几乎总是一同改变，那么我们或许可以推

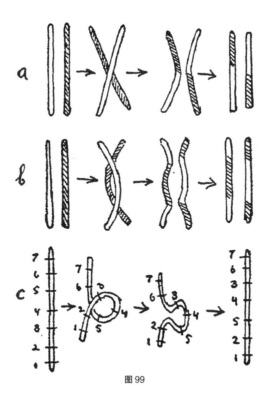

图99

测，它们背后的基因也总是紧挨在一起。反过来说，彼此独立、互不影响的性状在染色体上的位置必然隔得很远。

按照这样的逻辑，美国遗传学家T.H.摩尔根（T.H.Morgan）和他的学派捋清了果蝇染色体的基因顺序。图100描绘了不同性状背后的基因在果蝇4条染色体上的分布情况，这就是摩尔根的一部分研究成果。

当然，除了果蝇以外，我们也可以绘制包括人类在内的更复杂动物的基因图谱，就像图100那样，只是这需要更加深入细致的研究。[1]

3 基因，"活的分子"

层层剥开生命体的复杂结构，现在我们似乎已经触摸到了生命的基本单元。事实上，我们已经看到，隐藏在细胞深处的基因控制着生命体的整个发育过程和成熟生命体的几乎所有性状；有人或许会说，动植物的每一个个体都是"围绕"基因生长的。用物理学术语来类比的话，我们可以说基因和生命体之间的关系就像原子核和一大堆无生命的物质。从本质上说，某种物质的所有物理性质和化学性质最终都能归结到它的原子核上，而原子核的特性又由

---

1. 截至2005年，人类基因组计划的测序工作已经完成了90%以上。——译注

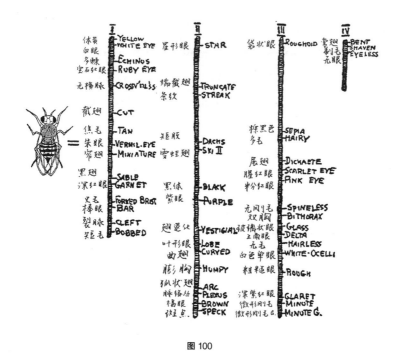

图 100

它携带的电荷数决定。比如说，携带 6 个基本电荷单元的原子核将吸引 6 个核外电子，生成的原子总是倾向于排列成规整的六边形，最终形成一种高硬度、高折射率的物质，我们称之为钻石。以此类推，一组电荷数分别为 29、16 和 8 的原子核形成的原子紧紧挤在一起，形成一种名叫硫酸铜的蓝色软晶体。当然，哪怕最简单的生命体复杂度也超过任何晶体，但无论是生命体还是晶体，它们的宏观特性都完全取决于微观的核心单元。

从玫瑰的香味到象鼻的形状，生物的所有特性都取决于微观的核心单元，那么这些核心单元到底有多大？要回答这个问题，我们只需要用一条普通染色体的体积除以它包含的基因数量。我们在显微镜下看到，染色体的平均厚度大约是千分之一毫米，这意味着它的体积约为 10^{-14} 立方厘米。繁殖实验[1]告诉我们，一条染色体控制的遗传性状多达几千种，我们也可以通过照片 V（p.399）直接数一数果蝇粗壮的染色体上到底有多少黑色条带（我们认为每根条带代表一个独立的基因）。用染色体的体积除以基因的数量，我们发现单个基因的尺寸应该不超过 10^{-17} 立方厘米。由于原子的平均体积约为 $10^{-23}[\approx(2\times10^{-8})^3]$ 立方厘米，所以我们得出结论：每个独立基因大约由 100 万个原子组成。

　　我们也可以估算一下人体内所有基因的总重量。如上所述，成年人体内大约有 10^{14} 个细胞，每个细胞包含 46 条染色体。因此，人体内所有染色体的总体积大约是 $10^{14}\times46\times10^{-14}\approx50$ 立方厘米；由于生物的密度和水差不多，所以这些染色体的质量不超过 2 盎司。相对于这些"核心单元"外部庞大的"封套"来说，这点质量微乎其微，因为动植物的体重是这个数的好几千倍，但这些小小的核心却"从里面"控制着生物的每一个发育步骤和每一种性状，甚至还决定了生物的大部分行为。

---

1. 普通染色体尺寸太小，我们无法通过显微镜看到独立的基因。

但基因到底是什么？或许基因也是一种复杂的"动物"，我们可以继续将它拆分成更小的生物单元？这个问题的答案非常清晰：不行。基因的确是最小的生物单元。我们不但确信基因拥有生命区别于非生命的所有特征，还可以很有把握地说，它和非生命复杂分子（例如蛋白质分子）的关系也十分密切，这些分子完全遵循我们熟悉的普通化学定律。

换句话说，基因似乎是生命和非生命之间缺失的一环，我们在本章的开头设想过这种"活的分子"。

的确，从一方面来说，基因非常稳定，它能将物种的特性传承几千代，几乎不发生任何变化；从另一方面来说，单个基因包含的原子数量相对较少，我们很容易觉得它是一种设计得非常精密的结构，每个原子和原子团都有自己的位置。基因的不同特性造就了形形色色的生物，追根溯源，我们可以认为这些特性由其内部结构中原子的不同分布决定。

下面我们举个简单的例子。爆炸性材料 TNT 在两次世界大战中扮演着重要的角色，一个 TNT 分子包含了 7 个碳原子、5 个氢原子、3 个氮原子和 6 个氧原子，它们的排列方式如下图所示：

这三种排列方式的区别在于 ![N原子团] 原子团与碳环连接的方式，最终产生的三种材料分别是 αTNT、βTNT 和 γTNT。这三种物质都能在化学实验室里合成，也都很容易爆炸，但三者之间也有细微的区别，例如密度、溶解度、熔点、爆炸威力等等。利用标准的化学方法，我们可以轻而易举地改变 TNT 分子 ![N原子团] 中原子团的位置，将一种 TNT 转化为另一种。这类例子在化学领域十分常见，越大的分子变化形式（同分异构体）越多。

如果我们将基因视为百万个原子组成的巨型分子，那么原子团在这个分子内部不同位置的排列组合将达到一个惊人的数量。

你可能觉得基因是一条循环重复的原子团组成的长链，上面点缀着五花八门的其他原子团，就像手链上的吊坠；事实上，得益于生化领域最新的进展，我们画出了遗传"手链"的确切样式。它由碳、氮、磷、氧、氢这几种原子组成，我们称之为核糖核酸。我们在图 101 中画了一幅超现实主义的示意图（省略了氮原子和氢原子），它代表着决定新生儿眼睛颜色的遗传手链局部。图中的四个"吊坠"告诉我们，宝宝的眼睛是灰色的。

只需要变换吊坠悬挂在手链上的位置，我们就能得到近乎无穷多种不同的排列。

举个例子，假设一条手链上有 10 个吊坠，那么它们共有 $1 \times 2 \times 3 \times 4 \times 5 \times 6 \times 7 \times 8 \times 9 \times 10 = 3628800$ 种不同的排列方式。

如果某些吊坠完全相同，那么可能的排列数量会变得少一些。假设吊坠共有 5 种（每种 2 个），那就只剩下了 113,400 种排列。但是随着吊坠数量的增加，可能的排列数量也将大幅增长；假如吊坠共有 5 种 25 个，那么可能的排列大约有 62,330,000,000,000 种！

所以我们看到，长长的有机分子中不同的"吊坠""悬

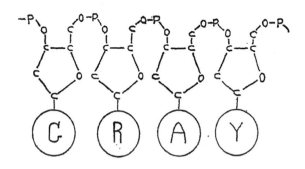

图 101
决定眼睛颜色的"遗传手链"（核糖核酸分子）局部图（高度抽象！）

挂"在不同位置，这将带来多不胜数的可能性，不光能满足我们已知的生命形式所有的变化，哪怕我们穷尽想象力，虚构出无数动植物，这么多的排列方式也完全能满足它们的需求。

不同性状的吊坠分布在细丝般的基因分子上，说到这里，我们必须指出一个关键点：吊坠在基因上的位置可能自发地产生变化，生命体的宏观性状也会随之改变。这样的变化通常是由正常的热运动引起的，在热运动的影响下，基因分子会像狂风中的树枝一样左弯右扭。随着温度的升高，分子的振动变得越来越剧烈，最终它会裂成碎片——这个过程叫作热离解（见第八章）。不过就算是在比较低的温度下，分子还保持着完整的形态，热运动也可能导致它的内部结构发生变化。比如说，我们可以想象，基因分子弯成某种形状，导致长链上的某个吊坠靠近了另一个位置。在这种情况下，这个吊坠可能离开原来的位置，跑到新的位置上去。

这种同分异构转化[1]现象在普通化学领域的简单分子中十分常见，和其他化学反应一样，它遵循基本的化学动力学定律：温度每升高10℃，化学反应的速率大约就会提高一倍。

基因分子的结构过于复杂，有机化学家可能还需要很

---

1. 正如我们之前解释过的，"同分异构"这个术语指代的是同样的原子以不同方式排列形成的分子。

长一段时间才能征服它，所以现在我们还不能通过化学分析的方法直接确认这些分子的同分异构变化。但是从某种角度来说，要研究基因分子的变化，比起劳神费力的化学分析法来，我们有一种更巧妙的办法：如果某个雄性或雌性配子内的基因分子发生了同分异构变化，那么当这个配子与其他配子结合形成新的生命体以后，这样的变化将通过幼体的细胞分裂过程代代传承，最终影响动植物的宏观性状，而我们可以轻而易举地观察到这样的性状变化。

事实上，1902 年，荷兰生物学家德弗里斯（de Vries）发现：生物的遗传性状常常发生跳跃性的自发变化，我们称之为突变。这是遗传学研究领域最重要的成果之一。

我们不妨以之前提到过的果蝇繁殖实验为例。野生果蝇拥有灰色的身体和长长的翅膀，你在花园里抓到的果蝇基本都长这样。但是这样的果蝇在实验室环境下繁殖数代以后，你可能会突然看到一只翅膀特别短、身体近乎黑色的"怪胎"（图 102）。

重要的是，除了这只短翅黑身的怪胎以外，你很可能找不到其他翅膀长度各异、身体灰度不一的变种，也就是说，这种极端的例外情况和它"正常"的祖先之间不存在逐渐过渡的过程。事情总是这样，新一代的所有果蝇（可能有好几百只！）身体灰度都差不多，翅膀也一样长，只有一只（或者几只）长得完全不一样。要么完全不变，要么大变样（突变）。类似的例子我们能举出几百个。比如说，

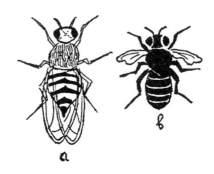

图 102
果蝇的自发突变
（a）普通型：灰色身体，长翅（b）突变型：黑色身体，短（退化）翅

色盲不一定来自遗传，祖先完全"清白"的家族中可能会突然出现一个色盲宝宝。人类的色盲和果蝇的短翅都同样遵循"要么都有，要么都没有"的原则；色盲的问题并不是说某人分辨两种特定颜色的能力强一点或者弱一点——他要么完全能分清，要么完全分不清。

如果你听说过查尔斯·达尔文（Charles Darwin）的名字，那你大概知道，新生代的这种性状变化和物竞天择、适者生存的铁律不断共同促使物种演化[1]；正是出于这个原因，几十亿年前统治自然界的简单软体动物才发展成了你这样能够读懂深奥书籍（譬如本书）的高智慧生物。

根据我们前面的讨论，从基因分子同分异构变化的角度来说，我们完全可以理解遗传性状为什么会发生跳跃性

---

1. 突变的发现对达尔文的经典理论只做出了一点修正：演化实际上源于不连续的跳跃式变化，而不是像达尔文设想的那样来自累积的小变化。

的改变。事实上，如果决定性状的吊坠在基因分子中的位置发生了变化，那么它不可能只变一半；它要么留在原地，要么彻底转移到新的位置，从而导致生命体的性状发生不连续的改变。

动植物繁殖环境的温度将直接影响它们的突变率，这个发现有力地支持了"突变"来自基因分子同分异构变化的观点。事实上，季默斐耶夫（Timoféëff）和齐默（Zimmer）通过实验研究了温度对突变率的影响，结果发现，（排除了培养酶和其他因素的影响以后）和其他普通的分子反应一样，基因分子的突变也完全遵循基本的物理化学定律。这个重要的发现促使马克斯·德尔布吕克（Max Delbrück，他曾是一位理论物理学家，后来又成了实验遗传学家）提出了一个划时代的观点：生物的突变现象实际上源自分子内部的同分异构变化，这是一个纯粹的物理化学过程。

基因理论的物理证据多不胜数，其中科学家利用 X 射线和其他辐射获得的证据尤为重要，不过，刚才我们介绍的内容应该足以说服读者：为"神秘的"生命现象寻找物理解释，目前的科学正在跨越这道门槛。

结束本章之前，我们还必须介绍一种名叫病毒的生物单元，它似乎以自由基因的形式存在，外面并未包裹一层细胞。直到不久前，生物学家仍相信，各种各样的细菌是最简单的生命形式；这些单细胞微生物在动植物的活组织中生长、繁殖，有时候还会导致各种疾病。比如说，显微研究表明，伤寒的病原体是一种体型细长的特殊细菌，它长约 3 微米（μm）[1]，宽约 1/2 微米；引发猩红热的细菌则是一种直径约 2 微米的球状细胞。但是还有很多疾病我们无法通过显微观察找到正常细菌尺寸的病原体，譬如人类的流行性感冒和烟草的花叶病。这些"找不到细菌"的疾病由患者"传染"给健康个体的方式和其他普通的细菌性疾病没什么两样，而且这种"感染"会迅速扩散到患者全身，所以我们有理由假设，这些疾病应该是由某种生物性载体传播的，我们称之为"病毒"。

不过直到最近，得益于超显微技术的发展（利用紫外线），尤其是电子显微镜的发明（这种显微镜用电子束取代普通可见光，由此获得了高得多的放大倍数），微生物学家才第一次看到了曾经隐藏在迷雾中的病毒结构。

人们发现，病毒其实是各种各样的独立微粒，同种病毒尺寸完全相同，而且它们都比普通细菌小得多（图103）。比如说，流感病毒微粒是直径 0.1 微米的小球，而烟草花叶病毒微粒就像一根细长的棍子，它的长度是 0.280 微米，宽 0.015 微米。

照片 VI（p.400）是烟草花叶病毒微粒的电子显微照片，这些微粒是我们已知最小的活单元。你应该记得，原子的

---

1. 1 微米等于千分之一毫米，或者说 0.0001 厘米。

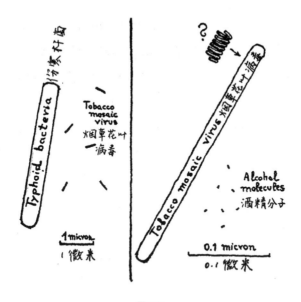

图 103
细菌、病毒和分子的对比

直径大约是 0.0003 微米，那么烟草花叶病毒的宽度大约相当于 50 个原子，轴向长度相当于 1000 个原子，也就是说，一个这样的病毒包含的独立原子最多不超过几百万个！[1]

看到这个熟悉的数字，我们立即想到，单个基因拥有的原子不也是这么多吗？那么是不是有这样的可能性：病毒微粒或许是一种"自由基因"，它既不愿意附着在我们称

---

1. 组成单个病毒微粒的原子实际数量可能远没有这么多，因为病毒很可能是"中空"的扭曲分子链（如图 101 所示）。如果烟草花叶病毒的结构真是这样（如图 103 所示），那么各种各样的原子团实际上只分布在一个圆柱形的表面上，每个病毒微粒拥有的原子总数量可能只有几十万个。当然，基因分子可能也存在类似的情况，单个基因拥有的原子数量可能比我们预计的少得多。

305

之为染色体的长链上，也不想被臃肿的细胞原生质包裹。

事实上，病毒微粒的增殖过程看起来和细胞分裂时染色体翻倍的步骤一模一样：它们的整个身体会沿着长轴的方向裂开，由此产生两个全尺寸的病毒微粒。我们观察到的显然是一种基本的增殖过程（就像图 91 里假想的酒精分子"自发增殖"一样），病毒微粒复杂分子中的各种原子团吸引了周围环境中类似自身的原子团，然后将它们排列成和初始分子完全相同的结构。排列完成后，已经成熟的新分子就会和初始分子分离。事实上，这种原始活物似乎没有所谓的"生长"过程，新的个体只需要依附旧个体简单地"组装"起来。打个比方，这就像人类儿童依附于母亲体外生长，成年后他或她就会断开和母亲的联系，自己走开（本书作者绝不会画这样的示意图，虽然他真的很想画）。不用说，这样的增殖过程只有在条件理想的特殊介质中才能完成；事实上，细菌自己就有原生质，但病毒微粒只有借助其他生物的活性原生质才能增殖，一般来说，这些小家伙非常"挑食"。

病毒还有另一个共同的特性：它们也会产生突变，突变后的个体也会将自己新获得的特征传给后代，整个过程完全符合我们熟悉的基因传递规则。事实上，生物学家能够区分同一种病毒的几种菌株，进而追踪它们的"生长竞赛"。流感肆虐的时候，我们可以很有把握地说，带来疾病的肯定是一种新的突变型流感病毒，它发展出了一些新的恶毒特质，所以我们的身体来不及产生对应的免疫力。

我们通过前几页内容建立了一个坚定的理念：病毒微粒理应被视为活的个体。现在我们可以同样坚定地说，这些微粒也应该被视为正常的化学分子，因为它符合所有的物理化学定律。事实上，如果完全采用化学手段来研究病毒材料，你很容易发现，病毒也应该被视为一种结构精妙的化合物。我们可以用处理其他复杂有机（但没有活性）化合物的手段来处理它们，这些微粒也能参加各种各样的置换反应。生物化学家早晚能写出每种病毒的化学式，就像今天我们写出酒精、甘油或者糖的化学式一样轻松，这基本是件板上钉钉的事情。更令人震惊的是，同一种病毒的微粒大小完全相同。

事实上，我们已经发现，在缺少食物的环境中，病毒微粒会自行排列成类似晶体的规律图样。比如说，所谓的"番茄丛矮病毒"会结晶形成漂亮的大块菱形十二面体！这种晶体完全可以和长石、岩盐一起摆进矿物学展示柜，但要是你把它放回番茄植株上，它又会变成一大群活生生的个体。

最近，加州大学病毒研究所的海因茨·弗伦克尔－康拉德（Heinz Fraenkel－Conrat）和罗布利·威廉姆斯（Robley Williams）迈出了用无生命材料合成生命关键的第一步。他们把烟草花叶病毒微粒分成了两个部分，每一部分都是一种无生命的复杂有机分子。很久以前我们就知道，这种长杆状（见照片 VI，p.400）病毒中央是一束直的组织材料（我们称之为核糖核酸），外面缠绕着蛋白质长分子，就像电磁铁的铁棒外面缠绕的线圈。弗伦克尔－康拉德和威廉姆斯利用各种化学试剂成功地分开了烟草花叶病毒微粒的核糖核酸和蛋白质分子，而且二者都毫发无损。这样一来，他们就得到了两种溶液：一种是核糖核酸溶液，另一种则是蛋白质分子溶液。电子显微照片表明，溶液里的确只有这两种物质分子，没有任何生命的迹象。

但是如果将这两种溶液混合在一起，核糖核酸分子就会以 24 个为单位，自发聚成分子束，蛋白质分子缠绕在分子束上，形成与初始病毒微粒一模一样的复制品。如果将新的溶液喷到烟草叶子上，这些被拆散之后又重新合成的病毒微粒会让植株罹患花叶病，就像它们从未被拆开过一样。当然，在这个实验中，组成新病毒的两种化合物原材料都来自活体病毒；但重点在于，生化学家用于合成活物的原材料的确是两种无生命的普通化合物（核糖核酸和蛋白质分子）。虽然目前（1960 年）的化学技术只能合成短分子，但我们没有任何理由怀疑，随着时间的推移，科学家一定能用简单的元素合成核糖核酸和蛋白质这样的长分子。将这些分子组合在一起，我们就将得到真正人造的病毒微粒。

第十章 不断扩展的地平线

1 地球和它的邻居

离开分子、原子和原子核组成的微观世界，我们回到了正常尺寸的世界里；不过现在，我们又将踏上新的旅程，但这次的方向正好相反——我们将奔向太阳、恒星、遥远的星际云团和宇宙的边界。和微观世界的奇妙旅程一样，在科学的带领下，我们将一步步远离熟悉的日常事物，走向越来越深远的地平线。

在人类文明的早期阶段，我们称之为"宇宙"的范围其实小得令人咋舌。那时候人们相信，大地是一个扁平的大盘子，飘浮在浩渺的世界之海上。大盘子底下是深得超乎想象的海水，上方是无边无际的天穹，而神祇高居于天穹之上。这个盘子大得足以承载当时人们所知的所有土地，即地中海沿岸所有毗邻的土地，包括欧洲、非洲和亚洲的一小部分。大地之盘的最北端是高耸的山峦，每当夜幕降临，太阳就会躲到群山后方，栖息在世界之海的海面上。图 104 让我们比较清晰地看到了古人眼中的世界。不过，到了公元前 3 世纪，有人开始反对这种深入人心的简单世

图 104
古人眼中的世界

界图景，他就是著名的希腊哲学家（当时的"哲学家"其
实就是科学家）亚里士多德。

亚里士多德在他的著作《论天》中提出了一个理论，
他认为大地实际上是一个球，球面上一部分是陆地，一部
分是海水，球体外包裹着一层空气。亚里士多德举了很多
论据来支持自己的观点，这些论据今天的我们早就习以为
常，不以为意。比如说，亚里士多德指出，船舶消失在视
线尽头的时候，我们总是先看到船身消失，水面上只剩下
桅杆，这证明海面其实是弯曲的，而不是平的。他还提出，
月食的成因一定是地球的影子遮住了月面，由于影子的边
缘是圆的，所以地球本身也一定是圆的。但当时没几个人

312

相信他的说法。人们就是无法理解，如果亚里士多德说的是真的，那么生活在这个球体下方（所谓的"对跖点"[1]，美国的对跖点位于澳大利亚）的人难道能够头下脚上地行走，而且不会掉下去？同样地，地球背面的水为什么不会流向天空（图105）？

图105
古人为什么反对地球是圆的

1. 地球表面上关于地心对称的位于地球直径两端的点。——译注你看，那时候的人们完全没意识到，物体之所以会坠落，是因为它受到了地球的引力。对他们来说，"上"和"下"都是空间中的绝对方向，无论你走到哪里，这两个方向总是保持不变。如果你跑到地球背面，那么"上"就变成了"下"，"下"却成了"上"，对他们来说，这样的想法简直就是疯了，就像今天的很多人认为爱因斯坦的相对论疯了一样。现在的我们知道，天上的物体掉下来是因为地球引力的作用，但古人却觉得所有事物都有向下运动的"天然趋势"；所以要是你跑到地球背面，那你肯定会坠向蓝天！反对的声浪如此强烈，新理念举步维艰，直到15世纪，亚里士多德的时代已经过去了近两千年，你仍能在很多书籍里找到人们头下脚上站在地球"下方"的滑稽插图，大众借此嘲弄"球形地球"的观点。伟大的哥伦布出发去寻找通往印度的"另一条路"时，恐怕他对自己的计划也没有太大的把握；事实上，他的确没能完成目标，因为他走到一半就发现了美洲大陆。直到斐迪南·德·麦哲伦（Fernando de Magalhães）完成了著名的环球之旅以后，对圆形地球理论的质疑才算彻底消失。

第一次意识到脚下的大地可能是一个大球以后，人们自然会问，这个球到底有多大？我们已知的世界占据了球面上的多少面积？可是，古希腊哲学家自然没有能力环游地球，在这种情况下，他们该如何测量地球的尺寸？

呃，还真有个办法，当时一位名叫埃拉托斯特尼的著名科学家第一个想到了这个法子，他生活在公元前 3 世纪的亚历山大港，这座城市是希腊在埃及的殖民地。埃拉托斯特尼听说尼罗河上游有座名叫昔兰尼¹的城市，它位于亚历山大港以南，二者相距 5000 视距；春分的正午，太阳悬挂在那座城市的正上方，垂直于地面的物体完全没有影子。从另一方面来说，埃拉托斯特尼知道，亚历山大港任何时候都不会出现这样的景象，同样是春分的正午，在他生活的这座城市里，太阳偏离了天顶（头顶正上方的那个点）7 度，或者说一个圆的 1/50。埃拉托斯特尼假设地球是圆的，所以他对这种现象做出了一个简单的解释，通过图 106 你很容易就能看懂。事实上，由于两座城市之间的地面是弯曲的，垂直于昔兰尼的阳光照到更北边的亚历山大港时必然与地面形成一定夹角。通过这幅图你还能看到，如果从地球的圆心出发，分别作两条通往亚历山大港和昔兰尼的直线，那么这两条线之间的夹角必然等于亚历山大港的阳光（当它垂直于昔兰尼时）与垂线之间的夹角。

由于这个角等于圆的 1/50，所以地球的周长应该等于两座城市之间的距离乘以 50，即 250,000 视距。1 希腊视距约等于 1/10 英里，所以埃拉托斯特尼算出来的结果相当于 25,000 英里，或者说 40,000 千米，非常接近我们现在测得的数值。

---

1. 位于今天的阿斯旺水坝附近。

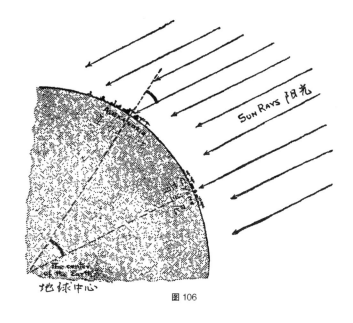

图 106

无论如何，人类第一次测量地球的重点不在于最后的结果有多准确，而在于人们终于意识到，地球竟然这么大。既然如此，地表总面积一定比已知的所有土地大几百倍！如果真是这样的话，已知的边界之外会是什么样呢？

说到天文尺度的距离，我们必须先了解视差位移（简称"视差"）的概念。这个陌生的词儿听起来可能有些吓人，但事实上，视差的概念非常简单，而且十分有用。

要了解视差，我们或许可以从穿针开始。如果闭上一只眼拿线穿针，很快你就会发现这样做很难；线头要么离针鼻太远，要么太近。如果只用一只眼，你很难判断针鼻与线头之间的距离；但要是两只眼睛都睁开，你很容易将

316

线头穿过针鼻，或者至少很容易学会。用两只眼睛观察物体的时候，你会不自觉地让两只眼睛同时聚焦在一件物体上。物体离你越近，你的眼球就向对侧转得越多，肌肉感觉到的张力会清晰地告诉你物体的距离。

现在，你可以试试先闭上一只眼，然后换一只眼，你会发现，物体（在这个例子里就是针）相对于远处背景的位置（比如说房间对面的窗户）发生了变化。这种效应就是视差位移，大家想必都很熟悉；如果你从没听说过这个词儿，只要看看图 107 里左眼和右眼分别看到的针和窗户就很容易明白。越远的物体视差位移越小，所以我们可以利用这一点来判断距离。我们可以用弧度精确测量视差位移，比起靠眼球肌肉的感觉简单地判断距离，这种方法要

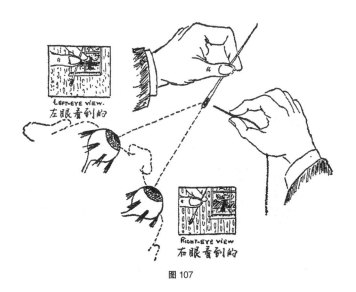

图 107

准确得多。但我们双眼之间的距离大约只有 3 英寸，所以一旦物体离我们超过几英尺，双眼就很难准确估计它的距离了；观察遥远物体的时候，双眼的视线几乎完全平行，所以视差位移小得可以忽略不计。要测量更远的距离，我们需要拉开两只眼睛之间的距离，这样才能增加视差位移的角度。但你也不用专门去做手术，我们可以利用镜子变个戏法。

图 108 画的是海军在战斗中测量敌舰距离的装置（在雷达发明之前）。它实际上是一根长管子，观察者的双眼正前方分别装着一面镜子（A、A′），还有两面镜子（B、B′）分别装在管子两头。透过这样的测距仪向外观察，实际上你的左眼看到的景象来自镜子 B，右眼看到的则来自镜子 B′。这套装置有效地拉长了双眼之间的距离（即所谓的"光

图108

318

学基线"），让你能够测量更远的距离。当然，海军依靠的不仅仅是眼球肌肉的感觉，测距仪上装有特殊的配件和刻度盘，可以帮助他们准确测量视差位移。

哪怕敌人的船只还没完全驶出海平线，海军的测距仪也能完美测量敌舰的距离，但要是你想用它来测量天体的距离，却会遭遇彻底的失败——就算是月亮这么近的天体也不行。事实上，要观察到月球相对于遥远恒星背景的视差，光学基线——也就是双眼之间的距离——至少应该达到几百英里的长度。当然，我们不必真的制造一台能将你的双眼拉开这么远的装置，比如说左眼在华盛顿，右眼在纽约，只需要同时从这两座城市拍摄星空背景上的月亮就行。把这两张照片放到立体镜里，你就能看到月亮悬挂在星空中。通过测量同一时刻在地球上不同地点拍摄的月球与星空的照片，天文学家发现，如果从地球表面的两个对跖点观察，月球的视差距离是 $1°24'5''$。由此计算可得，地球到月亮的距离相当于地球直径的 30.14 倍，也就是 384,403 千米，或者说 238,857 英里。

根据地月距离和观察到的角直径，我们发现月球的直径差不多相当于地球直径的 1/4，那么它的表面积只有地球表面积的 1/16，差不多相当于一个非洲大陆。

利用类似的办法，我们也能测量地球和太阳之间的距离；但太阳比月亮远得多，所以测量起来也困难得多。天文学家发现，地日距离是 149,450,000 千米（92,870,000

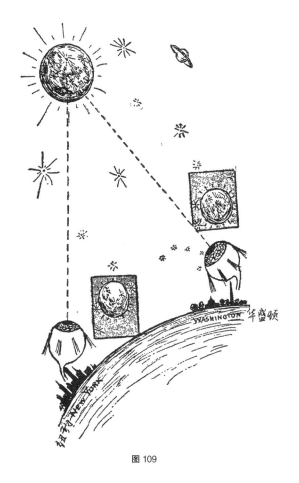

图 109

英里），或者说，地月距离的 385 倍。正是因为太阳距离我们这么遥远，所以它看起来才会和月亮差不多大；事实上，太阳比月亮大得多，它的直径是地球直径的 109 倍。

如果说太阳是个大南瓜，那么地球就是一粒豌豆，而月亮只是一颗罂粟籽，纽约的帝国大厦差不多相当于我们通过显微镜能观察到的最小的细菌。请务必记住，古希腊一位名叫阿那克萨哥拉（Anaxagoras）的进步哲学家曾经被放逐，甚至遭到死亡的威胁，仅仅因为他告诉学生，太阳可能是一个和希腊差不多大的火球！

利用类似的方法，天文学家还能测量我们这个星系中的行星与地球之间的距离。新近发现的最遥远的行星叫作冥王星，它和太阳之间的距离大约相当于地日距离的 40 倍，确切地说，冥王星距离太阳足足 3,668,000,000 英里。[1]

2 恒星之河

我们在太空中的下一段旅程将从行星跳往恒星，视差测量法还可以继续发挥作用。但我们发现，哪怕最近的恒星离我们都太远太远，即使采用地球上相距最远的两个观察点（对跖点），我们也看不出这些星星相对于星空背景的视差位移。不过，要测量这么远的距离，我们还有别的办法。既然我们可以利用地球本身的尺寸测量地球公转轨道的大小，那又为什么不能利用公转轨道的尺寸来测量恒星的距离呢？换句话说，从地球轨道的两端观察，我们或许有可能看到至少部分恒星的相对位移。当然，这意味着我们需要等待半年才能完成两次观察，但这又有何不可呢？

---

1. 2006 年，国际天文联合会重新定义了行星的概念，将冥王星排除在行星之外，现在冥王星被划为了矮行星。——译注

抱着这样的想法，1838年，德国天文学家贝塞尔（Bessel）挑选了两个相隔半年的夜晚，试图比较夜空中恒星的相对位置。起初他的运气不太好，他挑选的星星离我们太远，哪怕从地球轨道的两端观察也看不出明显的视差位移。不过别着急，有一颗星星的位置和半年前似乎不太一样，它在天文学手册上的名字叫"天鹅座61"（天鹅座的第61颗暗星，见图110）。

半年后，这颗恒星回到了它原来的位置。所以贝塞尔观察到的位移的确来自视差，他也因此成为第一个用尺子度量太阳系外星空的人。

事实上，贝塞尔观察到的天鹅座61的视差位移非常非常小，它在一年内的最大值只有0.6角秒[1]，这相当于你看到500英里外有一个人的时候双眼视线所成的角度——如果你真能看那么远的话！但天文设备的精度很高，就连这么小的角度也能准确测量。根据观察到的视差和已知的地球轨道半径，贝塞尔算出这颗恒星距离地球103,000,000,000,000千米，这相当于地日距离的690,000倍！你可能很难领会这个数到底有多大，我们不妨采用先前的比方，如果太阳是个南瓜，地球就是200英尺外绕着它旋转的一粒豌豆，而这颗恒星远在30,000英里之外！

描述非常远的距离时，天文学家习惯于将它换算成光

---

1. 确切地说，是0.600"±0.06"。

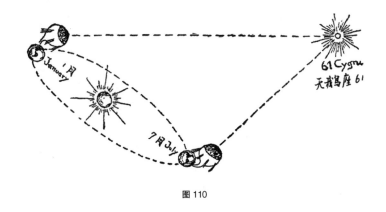

图 110

以每秒 300,000 千米的速度走过这段路程所需要的时间。光只需要 1/7 秒就能绕地球一周，从地球跑到月亮也只需要 1 秒出头，去往太阳大约需要 8 分钟。天鹅座 61 是宇宙中离我们最近的邻居之一，这颗恒星发出的光大约需要 11 年才能抵达地球。如果这颗星星毁于一场宇宙浩劫，或者突然爆炸变成了一团大火球（恒星经常爆炸），我们也必须等到漫长的 11 年后才能看到它最后的光芒，这束光跨越漫长的恒星际空间，为我们带来宇宙中最新的消息：一颗恒星已经不复存在。

虽然我们看到的天鹅座 61 只是夜空中一个黯淡的小光点，但通过测量它和我们之间的距离，贝塞尔算出了一个惊人的结果：这颗恒星实际上是一个明亮的巨大天体，亮度仅次于辉煌的太阳，体积也只比太阳小 30%。哥白尼提出的革命性理论第一次得到了直接的印证，他认为无垠的宇宙中散布着无数相距遥远的恒星，我们的太阳只不过是其中的一颗。

贝塞尔迈出第一步以后，天文学家又测量了其他很多恒星的视差位移。结果他们发现，有的恒星比天鹅座61离我们还近，其中最近的一颗是半人马座α（半人马座最亮的恒星），它和我们之间的距离只有4.3光年，亮度和尺寸与太阳相仿。大部分恒星离我们的距离比这远得多，现在看来，就算以地球公转轨道直径为光学基线也没法测量这么遥远的距离。

天文学家发现，不同恒星的尺寸和亮度差距悬殊。有的恒星个头特别大，也特别亮，例如300光年外的参宿四，它的体积大约相当于太阳的400倍，亮度是后者的3600倍；也有一些特别黯淡的小恒星，例如13光年外的范马南星，这颗星星比地球还小（直径只有地球的75%），亮度相当于太阳的万分之一。

现在我们必须面对一个重要的问题：现存的恒星到底有多少？人们普遍相信，谁也数不清天上有多少星星——你应该也认可这个观点。但事实上，和很多流行的观念一样，这个想法大错特错；至少夜空中裸眼可见的恒星我们还是能数清的。南北两个半球能观察到的所有恒星加起来其实只有六七千颗，而且在某个给定的时刻，你只能看到其中的一半出现在地平线以上，再考虑到地平线附近的恒星会因为大气的干扰变得格外黯淡，所以在没有月亮的晴朗夜晚，我们的肉眼能看到的恒星通常只有 2000 颗。如果你勤奋一点儿，每秒钟数一颗星星，那么只要半小时就能数清！

但是如果你有一台双筒望远镜，就能多看见大约 50,000 颗恒星，直径 2.5 英寸的望远镜还能再看到 1,000,000 颗；要是动用美国加州威尔逊山天文台那台著名的 100 英寸天文望远镜，你应该能看到差不多 5 亿颗恒星。就算天文学家以每秒一颗的速度从早数到晚，那也需要差不多一个世纪才能把它们全都数清！

不过，当然，谁也不会透过大型望远镜一颗颗数星星。恒星的总数实际上是通过夜空中不同区域内可见的恒星数量推算出来的。

一个多世纪前，著名的英国天文学家威廉·赫歇尔（William Herschel）透过自制望远镜观察星空，结果惊讶地发现，人类裸眼看不见的大部分恒星都藏在横跨夜空的那条微微发光的带子（银河）里。正是因为赫歇尔的观察，天文学界才认识到，银河并不是普通的星云，也不是宇宙中的气云带，而是无数遥远的恒星，只是这些恒星过于黯淡，我们的肉眼无法分辨。

借助越来越强大的望远镜，我们看到了银河中越来越多的恒星，但银河中星星最密集的区域仍是一片模糊的背景。不过，如果你认为银河里的恒星就是比天空中的其他区域稠密，那你就错了。事实上，银河里的恒星看起来比其他地方多，并不是因为这里的恒星分布得更密集，而是因为这个方向的恒星延伸得更远，所以你才能在这片夜空中看到更多的星星。银河中的恒星一直延伸到我们的目力（包括望远镜在内）可及之处，而天空中其他方向的恒星并未延伸到视野尽头，星星背后就是空旷的宇宙。

仰望银河的方向，我们就像站在森林深处向外眺望，你看见树木的枝丫错落交叠，绵延不绝；若是望向其他方向，我们就会看到群星之间空旷的宇宙，就像透过头顶的枝叶看见支离破碎的蓝天。

因此我们发现，天空中的群星实际上分布在一片扁平的区域内，它们沿着银河平面延伸得极深极远，垂直于平面的方向相对较薄，而我们的太阳不过是其中微不足道的一颗。

一代代天文学家进行了更深入的研究，最终得出结论：我们的银河系里大约有 40,000,000,000 颗独立的恒星，它们分布在一个镜片状的区域内，这个大镜片直径约 100,000 光年，厚约 5000~10,000 光年。这项研究揭示的另一个结果无异于在人类脸上狠狠扇了一巴掌——原来我们的太阳根本不是这个恒星社群的核心，它实际上位于银河系边缘。

在图 111 中，我们努力试图向读者展现这个星系的模样。顺便说一句，刚才我们还没提到，银河的学名应该叫银河系（Galaxy，当然是拉丁文！）。图中的银河系只有实际尺寸的一万亿亿分之一，代表独立恒星的点也远远不到 400 亿个，这自然是为了方便排版。

组成银河系的众多恒星拥有一个显著的共同特征：它

图 111

仰望银河系的天文学家，图中的银河系缩小到 1/100000000000000000000。我们的太阳大约位于天文学家的头部

们都处于高速旋转的状态中，就像太阳系里的行星一样。金星、地球、木星和其他行星围绕太阳做近似圆周运动，与此类似，组成银河系的亿万颗恒星也围绕着所谓的"银心"旋转。银心位于半人马座（射手座）方向，事实上，

仔细观察天空中朦胧的银河，你会发现，离半人马座越近，银河的"河道"就越宽，这意味着你看到的是镜片状星系中央比较厚的区域（图 111 的天文学家眺望的正是这个方向）。

银心看起来是什么样的？我们无法回答这个问题，因为厚重的星际云团遮挡了我们的视线。事实上，如果你望向半人马座方向比较宽的银河系，[1] 乍看之下，你会觉得这条天堂之路分成了两条"单行道"。但事实上，银河并未分岔，你之所以会产生这样的错觉，只是因为太空中有一大团黑暗的星际尘埃和气体，它正好挡住了银心。银河中间的这片暗区与"河道"两侧漆黑的夜空不太一样，后者来自空旷宇宙的漆黑背景，而前者是因为不透明的暗云遮挡。中央暗区中寥落的几颗恒星实际上位于云团前方，也就是我们和暗云之间（图 112）。

太阳和亿万恒星围绕银心旋转，但我们却看不到神秘的银心，这的确是个遗憾。不过，我们可以观察银河系外浩渺太空中的其他恒星系统或星系，由此推测银心看起来应该是什么样子。虽然我们的太阳控制着太阳系内的所有行星，但银心并不是一颗主宰本星系所有天体的超级恒星。对其他星系核心区域的研究（稍后我们再讨论这方面的内容）表明，星系中心依然由无数恒星组成，唯一的区别在于，这里的恒星密度远大于星系外围（也就是我们的太阳

---

1. 观察银心的最佳时间是初夏的晴朗夜晚。

图112
如果我们望向银河系中心，乍看之下，你会觉得这条天堂之路分成了两条单行道

所在的区域）。如果说行星系是个专制国家，太阳统治着所有行星，那么星系可能更像某种民主政体，一部分核心成员拥有最大的影响力，其他成员只能留在社群边缘，地位也比较卑微。

如上所述，包括太阳在内的所有恒星都围绕银河系中心旋转。但我们如何证明这一点呢？这些恒星公转的轨道半径有多长，公转一周需要多少时间？

早在几十年前，荷兰天文学家奥尔特（Oort）就找到了这几个问题的答案。他观察银河系的方法和哥白尼当年研究行星系的时候如出一辙。

我们不妨先回忆一下哥白尼的理论。古巴比伦人、古埃及人和其他文明的古人都曾观察到，土星和木星这样的大行星在天空中的运行路径十分奇怪。它们会像太阳一样沿着椭圆形轨道运动，然后突然停下来掉头往回走，过一段时间又再次掉头，回到原来的方向。在图 113 下半部分的示意图中，我们可以看到土星大约两年的运动轨迹（土星的完整公转周期是 29.5 年）。出于宗教方面的偏见，当时人们认为地球是宇宙的中心，所有行星和太阳都绕着地球运动。在这样的框架下，要解释土星奇怪的运动轨迹，他们只能假设，这颗行星的轨道形状十分独特，中间绕了好几圈。

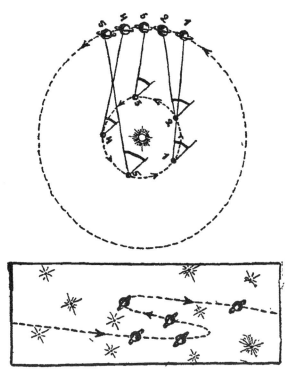

图 113

但哥白尼的见解更加高明，他提出了一个天才的解释：土星之所以会出现神秘的绕圈现象，是因为地球和其他行星一起绕太阳作圆周运动。看看示意图113，你应该很容易理解这为什么能解释土星的绕圈效应。

太阳居中，地球（小球）绕着它转小圈，土星（有环的球体）和地球公转方向相同，但它绕的圈子更大。序号1、2、3、4、5分别代表地球和土星在一年中不同时刻的位置，你应该记得，土星的公转速度比地球慢得多。从不同位置的地球上引出的垂线代表天空中某颗固定恒星的方向，将同一时刻地球和土星的位置两两相连，我们马上就会发现，这条线和地球－恒星连线形成的夹角先是变大，然后变小，紧接着又重新开始变大。这样一来，我们之所以会看见土星在天空中绕圈子，并不是因为它的公转轨道特别奇怪，而是因为运动的地球与运动的土星形成了不同的角度。

图114或许可以帮助我们理解奥尔特是怎么研究恒星公转的。在这幅图的下半部分，我们可以看到银心（包括暗云在内！）周围环绕着许多恒星。三个圈子分别代表与银心距离不等的几颗恒星的公转轨道，中间的圈子是太阳的运行轨道。

我们不妨设想8颗恒星（为了区别于其他恒星，我们在这8颗星星周围画了放射线），其中两颗的公转轨道和太阳一样，只是位置一前一后；另外几颗的公转轨道大小不

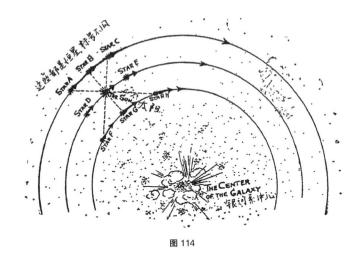

图114

等，具体如图所示。我们必须记住，在引力定律（见第五章）的作用下，外层轨道的恒星运动速度比太阳慢，内层轨道的比太阳快（图中用不同长度的箭头来表示）。

如果我们从太阳上观察（或者说从地球上观察，当然，这两种说法本质上没有区别），这8颗恒星的运动轨迹是什么样的呢？我们这里讨论的是恒星沿观察者视线方向的运动，所以最方便的办法是利用所谓的多普勒效应。[1]首先，我们很容易想到，相对于太阳（或地球）上的观察者，公转轨道和速度都和太阳完全相同的两颗恒星（标记为 D 和 E）应该是静止的；落在太阳与银心连线上的两颗恒星（标记为 B 和 G）也应该是静止的，因为它们的运动方向平行于太阳，所以沿视线方向的速度分量为零。

---

1. 见第十一章介绍多普勒效应的内容。（p.381 及以下）

那么外层轨道上的恒星 A 和 C 呢？由于这两颗恒星的速度都比太阳慢，通过示意图我们可以清晰地看到，恒星 A 被太阳越甩越远，而恒星 C 正在被太阳迎头赶上；也就是说，A 和我们之间的距离不断增大，同时 C 和我们的距离不断减小，来自这两颗恒星的光必然分别产生红移和蓝移。而对于内层轨道上的 F 和 H 两颗恒星来说，情况正好相反，F 会出现蓝移，H 则表现出红移。

如果恒星真的在做圆周运动，我们应该就能观察到上述现象；假如这样的运动的确存在，那么我们不仅能看到红移和蓝移，还能进一步估算恒星的公转轨道半径和运动速度。通过观察天空中明显可见的恒星运动，奥尔特看到了预想中的红移和蓝移现象，从而毫无疑义地证明了银河系的确在旋转。

通过类似的方式，我们还可以证明，银河系的旋转必将影响恒星垂直于观察者视线方向的运动速度。尽管精确测量这一速度分量非常困难（因为对于那些遥远的恒星来说，哪怕它们的线速度极大，体现在天球上的角位移也微乎其微），但奥尔特和其他天文学家的确观察到了这种效应。

如果能够精确测量恒星运动的奥尔特效应，我们就能算出恒星的公转轨道和周期。利用这个办法，我们算出太阳系绕半人马座银心旋转的轨道半径是 30,000 光年，也就是说，相当于整个银河系半径的 2/3。太阳绕着银心转一整圈大约需要 2 亿年。当然，这是一段漫长的时间，不过别忘了，我们的太阳系已经 50 亿岁了，也就是说，它已经带着整个家族的所有行星绕着银心转了差不多 20 圈。参照地球年的定义，我们可以将太阳的公转周期定义为"太阳年"，以这个标准来衡量，我们的宇宙只有 20 岁。的确，恒星世界里的一切都发生得很慢，要描述宇宙的历史，太阳年其实是个很合适的时间单位！

3　走向未知的边界

正如我们刚才讨论的，在广袤的太空中，银河系并不是唯一的一群恒星。通过望远镜我们发现，遥远的宇宙深处还有很多类似银河系的巨型恒星团，其中最近的一个我们的裸眼甚至都能看见，它就是著名的仙女座星云。我们眼中的仙女座星云是一个模糊黯淡的长条状小星云，照片 VII A 和 VII B（p.401）上面显示的就是两个这样的天体群，它们分别是后发座星云的侧视图和大熊座星云的俯视图。我们注意到，就像银河系呈镜片状一样，这两个星云也拥有特殊的螺旋结构，因此我们称之为"旋涡星云"。很多迹象表明，银河系应该也是个旋涡星系，但身在其中的我们很难完全确定它的形状。事实上，我们的太阳很可能位于"银河系大星云"某条旋臂的末端。[1]

---

1. 目前的天文观测结果表明，太阳系位于银河系的一条小旋臂（猎户臂）末端。——译注

很长一段时间里，天文学家一直没有意识到，这种螺旋状星云其实是类似银河系的巨型恒星系统。他们误以为这些天体和猎户座的普通弥散星云一样，都是银河系内部飘浮在恒星之间的大团尘埃云。但是后来他们发现，那些雾蒙蒙的螺旋状天体其实根本不是雾，而是亿万颗独立的恒星。通过最先进的望远镜，我们可以看到那些小点。但这些恒星实在太远了，我们无法利用视差位移测量它们的实际距离。

难道我们测量天体距离的征途只能止步于此？不！在科学的国度里，如果你遇到了无法克服的难题，那困难往往只是暂时的；随着时间的推移，我们早晚能想出办法，继续前进。对于眼下这个难题，哈佛大学的天文学家哈洛·沙普利（Harlow Shapley）找到了一把能够测量遥远恒星距离的新"尺子"，它就是所谓的脉动恒星，或者说造父变星。[1]

夜空中的恒星多不胜数，其中大多数恒星只会默默发光，但某些恒星的亮度会按照一定的规律变化，它们从明到暗，然后由暗复明，如此不断循环。这些巨型天体的脉动像心跳一样富有节律，它们的亮度也会随脉动发生周期性的变化。[2]个头越大的恒星脉动周期越长，就像钟摆越长

---

1. 这个名字来自仙王座 δ（造父一），天文学家首次在这颗恒星上确认了脉冲现象。
2. 千万不要将这些脉动的恒星与蚀变星混淆，后者实际上是两颗互相围绕对方旋转、周期性彼此遮挡的恒星。

就摆得越慢。特别小的造父变星（以恒星的标准而言）只需几个小时就能完成一个周期，而那些巨无霸的脉动周期可能长达数年。越大的恒星当然就越亮，所以造父变星的脉动周期和平均亮度之间存在明显的联系。有的造父变星离我们很近，所以我们可以直接测量它们的距离，进而推算它们的实际亮度；借助这座桥梁，我们可以算出这种类型的恒星脉动周期和亮度之间的一般关系。

现在，如果你发现了一颗距离超过视差位移法测量上限的造父变星，那么你只需要通过望远镜观察，记下它的脉动周期，进而算出它的实际亮度；再比较一下你观察到的亮度和它的实际亮度，你马上就能知道它离你有多远。利用这种巧妙的办法，沙普利成功地测量了银河系内那些非常遥远的距离；估算银河系大体尺寸的时候，这种方法也特别有用。

沙普利试图用同样的办法测量仙女座星云内几颗造父变星和我们之间的距离，结果却吓了一大跳。当然，这几颗恒星到地球的距离就是仙女座星云到地球的距离，根据沙普利的计算结果，它们距离地球足足有 1,700,000 光年——这个数比我们估算的银河系直径大得多。于是我们发现，仙女座星云其实只比银河系小一点点。前面那两张照片里的星云距离我们更远，实际上它们的直径和仙女座差不多。

这个发现直接推翻了天文学家之前的假设，原来仙女座旋涡星云并不是银河系内部的"小家伙",而是类似银河系的独立恒星系统。如果某颗行星围绕着大仙女座星云亿万恒星之中的一颗旋转,那么这颗行星上的观察者看到的银河系应该和我们眼中的仙女座星云差不多,现在应该没有哪位天文学家会怀疑这一点。

以 E. 哈勃博士(Dr. E.Hubble,他是威尔逊天文台著名的星系观测者)为首的天文学家进一步研究了这些遥远的恒星群落,结果发现了许多有趣而重要的事情。首先他们发现,强大的望远镜看到的星系比我们的肉眼看到的恒星还多,这些星系并不都是螺旋状的。实际上,星系的形状千姿百态。球状星系看起来就像一个边缘模糊的大盘子,椭圆星系的扁率各不相同,而旋涡星系"螺旋的松紧程度"不一,除此以外,还有形状奇特的棒旋星系。

有一件事情非常重要:我们观察到的所有星系的形状可以排成一个循序渐进的序列(图 115),它可能代表着巨型恒星社群不同的演化阶段。

虽然我们对星系的演化所知甚少,但星系演化的动力

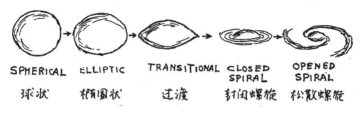

图 115
星系演化的不同阶段

很可能来自收缩过程。众所周知，缓慢旋转的气团稳定收缩时，它的转速会变得越来越快，形状也会逐渐变成一个扁平的椭球。收缩进行到一定阶段，即球体极半径与赤道半径之比达到 7:10 的时候，旋转球体的赤道就会形成一道锐利的棱，整个气团也会变成凸透镜的形状。到了这个阶段以后，如果气团进一步收缩，透镜状的结构仍将保留下来，但组成气团的气体将沿着旋转的赤道边缘散逸到周围的空间中，在赤道平面上形成一层薄薄的气雾。

英国著名的物理学家兼天文学家詹姆斯·金斯爵士（Sir James Jeans）从数学上证明了旋转气团的确会经历上述过程，我们可以原封不动地将它套用到我们称之为星系的巨型恒星气团上。事实上，如果将亿万恒星组成的星系当成气团，那么星系内的恒星扮演的就是分子的角色。

对比詹姆斯的理论计算结果和哈勃经验主义的星系分类法，我们发现，这些巨型恒星社群完全遵循上述理论描述的演化过程。尤其是考虑到，我们发现，最扁平的椭圆星系极半径与赤道半径之比正好是 7:10（E7），这样的星系赤道上已经开始出现棱边。演化阶段更靠后的旋涡星系似乎由初始星系旋转甩出去的材料组成，不过直到今天，我们仍无法圆满解释这样的螺旋结构是怎么形成的，这种结构的星系又为什么会分成简单的旋涡星系和奇怪的棒旋星系。

关于星系的结构、运动和不同区域的具体成分，我们要研究的还有很多。比如说，几年前，威尔逊山天文台的一位天文学家 W. 巴德（W.Baade）发现了一个有趣的现象：虽然旋涡星云核心区域（星系核）的恒星类型与球状星系和椭圆星系里的差不多，但它们的旋臂中却出现了另一种不同的恒星。这种旋臂区域特有的恒星灼热而明亮，跟核心区域的恒星很不一样，前者我们称之为"蓝巨星"；蓝巨星只存在于旋涡星系的旋臂中，而在旋涡星系的中央区域、球状星系和椭圆星系里，你都找不到它的身影。稍后我们将在第十一章中看到，蓝巨星很可能是新近形成的恒星，所以我们有理由假设，旋涡星系的螺旋臂其实是孕育新恒星的温床。我们完全可以想象，收缩的椭圆星系赤道"棱边"向外喷射的物质主要成分是原始气体，进入冰冷的星际空间后，这些气体聚集成团，随后收缩形成灼热明亮的恒星。

在第十一章中，我们将回过头来继续探讨恒星的诞生和生命周期，不过现在，我们必须考虑的是，广袤宇宙中的独立星系大体如何分布。

首先我们必须说明一点：虽然基于脉动恒星的测距法成功地帮助我们测量了银河系附近大量星系的距离，但当我们继续走向星空深处，却发现这种方法很快就不管用了；因为在这么远的距离上，我们根本无法分辨独立的恒星，哪怕动用最强大的望远镜，那些星系看起来也只是拉长的朦胧小星云。到了这个阶段，我们只能根据星系的可见尺寸来判断它的距离；按照此前的经验，同一类型的所有星系大小都差不多，这一点和恒星很不一样。如果你知道世界上所有人的身高完全相同，既没有高个子也没有小矮人，那么你就能通过自己看到的某人的身高判断他和你之间的距离。

哈勃博士利用这种方法估算遥远星系的距离，结果证明，在我们目力（包括最强大的望远镜）所及的范围内，太空中的星系大体均匀分布。我们之所以说"大体均匀"，是因为星系常常聚集成团，一个星系团可能拥有上千个星系，就像星系内部也有无数独立的星团。

我们的银河系属于一个相对较小的星系团。这个大家庭由三个旋涡星系（包括银河系和仙女座星云）、六个椭圆星系和四个不规则星系（包括大小麦哲伦云）组成。

不过，根据帕洛马山天文台那台200英寸望远镜的观察结果，除了偶尔出现的星系团以外，独立星系大致均匀地分布在空间中，一路绵延到10亿光年以外。两个相邻星系之间的平均距离约为5,000,000光年，宇宙可见的边界中大约包含了几十亿个独立星系！

我们不妨沿用先前的比方，如果说帝国大厦的尺寸相当于细菌，地球相当于一粒豌豆，太阳相当于一个南瓜，那么众多星系就是大致分布在木星轨道内的数以十亿计的一大堆南瓜，还有大大小小的南瓜群落散布在直径略小于太阳与最近恒星距离的球形空间内。是的，我们很难找到合适的尺度来形容宇宙中的距离，即使将地球比作豌豆，已知宇宙的尺寸也是一个天文数字！在图 116 中，我们试图让你直观地体会到，天文学家如何一步步拓展我们对宇宙的认识：从地球到月亮，到太阳，再到恒星、遥远的星系和未知的边界。

现在，我们打算回答一下关于宇宙尺寸的基本问题。宇宙到底是有限的还是无限的？随着望远镜技术的不断进步，天文学家求知若渴的眼睛是否总能发现宇宙中全新的处女地？或者反过来说，我们是否应该相信，宇宙虽大，但终归有限，至少从理论上说，我们早晚会看到最后一颗新的星星？

谈到宇宙"有限"，我们当然不是说探索者可能在几十亿光年外看到一堵高墙，上面写着"禁止通行"。

事实上，在第三章中我们已经看到，空间可能是有限无界的。弯曲的空间可能形成自我封闭的结构，假设有一位太空探险家开着火箭飞船沿直线（测地线）一路往前飞，那他最后没准会回到原地。

当然，这就像某位古希腊探险家从家乡雅典出发，一路向西而行，当这段漫长的旅程结束时，他发现自己走进了雅典城东边的城门。

我们无须周游世界，只需要研究相对较小的一片区域的几何特性，就能证明地球表面是弯曲的；那么借助类似的办法，现有的望远镜足以帮助我们弄清三维宇宙空间是否弯曲。在第五章中我们已经看到，弯曲分为两种：正曲率对应的是体积有限的封闭空间，而负曲率对应的是马鞍形的开放无限空间（图42）。这两种空间的差异在于，在封闭空间中，观察者周围一定半径范围内均匀分布的物体数量增长的速度远小于半径的三次方，开放空间则与此相反。

在我们这个宇宙里，"均匀分布的物体"指的自然是独立的星系，所以要回答宇宙的曲率问题，我们只需要数数不同距离范围内的星系数量。

哈勃博士真的统计了这方面的数据，结果发现，星系数量增长的速度似乎比距离的三次方慢一些。这意味着我们的宇宙是个曲率为正的有限空间。但这里必须提到的是，哈勃观察到的这种效应非常微弱，只有在靠近威尔逊山天文台那台100英寸望远镜的视线尽头时才有一点儿征兆，近期天文学家利用帕洛马山那台新的200英寸反射式望远镜所做的观测也无助于解决这个重要问题。

目前我们仍无法准确回答宇宙是否有限的问题，还有一个原因在于，判断遥远星系的距离时，我们只能基于它们的可见亮度进行计算（遵循平方反比定律）。这种方法暗含了一个假设：所有星系的实际亮度完全相同，而且始终如一。但是如果独立星系的亮度随时间变化，也就是说，它的亮度受年龄的影响，那我们的方法可能得出谬以千里的结果。千万别忘了，天文学家通过帕洛马山望远镜看到的最遥远的星系远在10亿光年以外，现在的我们看到的实

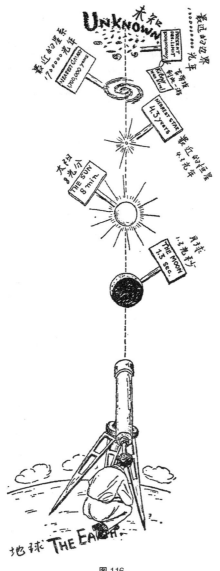

图 116

探索宇宙的里程碑，图中采用光年作为距离单位

际上是它们 10 亿年前的状态。如果星系的亮度会随着年龄的增长而降低（这可能是因为死去的恒星越来越多，留下来的活跃恒星越来越少），那我们就必须对哈勃的结论做出修正。事实上，在 10 亿年（这大约相当于星系总寿命的七分之一）的时间内，星系的亮度只需要变化一个很小的百分比，就足以推翻"宇宙有限"的结论。

因此，要准确回答"宇宙是否有限"这个问题，我们还有很多工作要做。

第十一章　创世年代

1　行星的诞生

对我们这些生活在全世界七个大洲（包括南极洲伯德少将考察站）上的人来说，"坚固的大地"这个词蕴含着稳定、永久的意味。地球表面上我们熟悉的所有地貌似乎早在时间之初就已存在，无论是大陆还是海洋，山峦或者河流。事实上，根据历史地质数据，我们知道地球表面实际上一直在缓慢变化，大片的陆地可能被海洋吞没，曾经位于海底的区域也可能浮出水面。

我们还知道，老去的山脉会被雨水慢慢冲走，构造运动时时创造出新的山峰，但这一切变化都发生在我们这颗星球坚固的地壳上。

不难看出，必然存在一个坚固地壳尚未形成的时代，那时候的地球是一个岩浆组成的灼热球体。事实上，对地球内部的研究表明，这颗星球的主体至今仍处于熔化状态，我们常常在不经意间提起的"坚固大地"不过是漂浮在熔岩之上的相对较薄的一层硬壳。要证明这件事，最简单的办法莫过于测量地球内部不同深度的温度；于是我们发现，深度每增加一千米，温度就会上升30℃左右（或者说深度每增加一千英尺，温度上升16℉）；比如说，在全世界最深的矿井里（南非金矿罗宾逊深井），井壁灼热滚烫，为了避免矿工们被活活烤熟，矿场不得不加装空调。

按照这样的温度增长速率，我们只需要深入地底50千米，地球的温度必然达到岩石的熔点（1200-1800℃），而这个深度还不到地球半径的百分之一。再往下走，占据了地球97%以上质量的物质必然处于完全熔化的状态。

显然，这样的状况不可能永远维持下去；实际上，刚刚诞生的地球是一个纯液态的球体，从那以后，它一直在缓慢冷却，现在的我们看到的不过是这颗星球生命历程中的一个特定阶段，而在遥远的未来，地球终有一天会完全固化。根据地球冷却的速率和硬质地壳增长的速度，我们粗略估计，这个冷却过程必然始于好几十亿年前。

估算一下组成地壳的岩石的寿命，我们也能得出类似的结论。乍看之下，岩石仿佛亘古不变，所以才有"磐石无转移"的说法；但实际上，很多岩石内部存在天然的"时钟"，地质学家富有经验的眼睛可以通过这些蛛丝马迹推算出岩石从熔化状态凝固以后经历了多少时间。

微量的铀和钍都是暴露岩石年龄的典型地质时钟，它们经常出现在地表和地下不同深度的各种岩石样本中。正如我们在第七章中看到的，这些元素的原子都会经历缓慢的自发衰变，最终转化为稳定元素铅。

如果某块岩石中存在这样的放射性元素，那么要判断它的年龄，我们只需要测量沉积在岩石内的衰变产物铅的含量。

事实上，如果岩石材料处于熔化状态，那么扩散作用和对流效应会将放射性衰变产生的铅不断地送往别处。一旦熔岩凝固成岩石，这些衰变产物就会开始堆积，所以根据岩石中的铅含量，我们可以准确判断它的年龄，就像敌方的间谍可以比较太平洋两座岛屿上散落的啤酒罐的相对数量，从而推算出海军陆战队分别在这两座岛上驻扎过多长时间。

近期的研究又采用改进后的技术精确测量了岩石中沉积的铅同位素和其他不稳定化学同位素（例如铷87和钾40）的衰变产物，结果发现，已知最古老的岩石大约有45亿岁。因此，我们可以得出结论：大约50亿年前，地球的硬质地壳从熔化状态开始凝固。

我们可以想象，50亿年前的地球是一个液态的熔岩球，外面包裹着一层厚厚的大气，大气层的成分包括空气和水蒸气，可能还有另一些挥发性极强的物质。

这团灼热的宇宙物质是怎么形成的？什么样的力量促使它凝聚成形，构成这个熔岩球的材料又来自何方？这些直指地球和太阳系内其他行星起源的问题困扰了天文学家几个世纪，天体演化学（研究宇宙起源的学科）探讨的正是这方面的基本问题。

1749 年，法国著名博物学家布丰伯爵在他的四十卷本巨著《自然史》中第一次尝试着从科学角度来回答这些问题。布丰认为行星系起源于太阳与来自恒星际空间深处的彗星的碰撞。他发挥想象力，描绘了一幅栩栩如生的画面：一颗"命中注定"的彗星拖着明亮的长尾巴扫过孤零零的太阳表面，它巨大的身体被撕成了许多小"碎块"，巨大的冲击力将这些碎片抛向漆黑的太空，并促使它们开始旋转（图 117a）。

　　几十年后，德国著名哲学家伊曼努尔·康德提出了另一套截然不同的行星系起源理论。他更倾向于认为，以太阳为首的行星系是独立形成的，完全没有其他天体的干扰。按照康德的设想，原始的太阳是一大团温度相对较低的气体，这个体积相当于整个太阳系的巨型"气球"绕着自转轴缓慢地旋转。气球携带的热量通过辐射不断进入周围空旷的宇宙，与此同时，气球本身逐渐冷却，转速也越来越快，产生越来越强的离心力，于是气球变得越来越扁，最终它喷出的气体沿着隆起的赤道形成了一系列的气态环（图 117b）。普拉托（Plateau）的经典实验演示了旋转物质形成环状结构的过程：他将一大滴油（太阳是气态的，但这个实验用的不是气体）悬置在另一种密度相同的液体内部，利用某种辅助机械装置迫使油滴高速旋转，当转速达到某个值的时候，油滴周围开始出现环状结构。康德认为，一段时间以后，这些气体环会破裂收缩，形成绕太阳旋转的

348

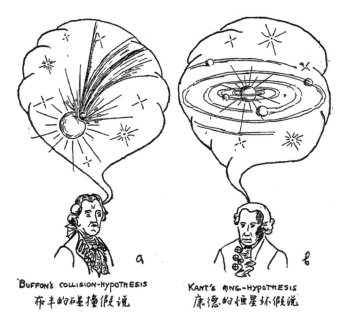

图 117
宇宙学两个学派的理论

距离不等的行星。

后来法国著名数学家拉普拉斯侯爵（Pierre-Simon, Marquis de Laplace）继承了康德的理论，并以此为基础做出了进一步的发展，他的研究成果记录在 1796 年出版的著作《宇宙系统论》中。虽然拉普拉斯是一位伟大的数学家，但他并未尝试利用数学方法来阐述自己的理论，只是以比较通俗的方式做了一些定性讨论。

六十年后，英国物理学家克拉克·麦克斯韦（Clerk Maxwell）首次尝试用数学方法解释太阳系的起源，结果发现，康德和拉普拉斯的宇宙观蕴含着一个无法调和的矛盾：如果太阳系内的这些行星是由原本均匀分布于整个太阳系内的物质形成的，那么这些物质的密度实在太小，引力根本无法将它们凝聚成独立的行星。因此，不断收缩的太阳向外甩出的气体环将一直停留在初始状态，就像现在我们看到的土星环一样；我们知道，土星环实际上是绕着这颗行星公转的无数微粒，它们看起来十分稳定，完全没有"凝聚"形成固态卫星的倾向。

要绕开这个难题，唯一的办法就是假设太阳形成的原始气态环包含的物质比现在的行星多得多（前者至少是后者的100倍），最终大部分物质重新坠向太阳，只剩下大约1%的物质留在外面形成了行星。

但这样的假设又将带来另一个严重的问题。事实上，如果曾经有这么多物质以目前行星公转的速度绕太阳旋转，后来这些物质又全都坠落到了太阳上，那么太阳的自转角速度应该是现在的5000倍。也就是说，太阳应该一小时转7圈，而不是像现在这样大约4个星期才转一圈。

上述结论似乎彻底推翻了康德－拉普拉斯理论，天文学家只得将希冀的目光投向别处；在美国科学家T.C.张伯伦（T.C.Chamberlin）、F.R.莫尔顿（F.R.Moulton）和英国著名科学家詹姆斯·金斯爵士的努力下，布丰的碰撞理论又重新焕发出生机。当然，科学家必须根据后来发现的一些关键证据对布丰最初的观点做出一定的修正。比如说，撞击太阳的天体绝不会是一颗彗星，因为当时他们已经知道，彗星的质量实在太小，甚至连月亮都比不上。有鉴于此，他们认为入侵太阳系的天体更可能是尺寸和质量与太阳相当的另一颗恒星。

但是哪怕以当时的眼光来看，修正后的碰撞理论也不太站得住脚，人们之所以选择它，完全是为了逃避康德－拉普拉斯假说中绕不开的难题。我们很难理解，太阳与另一颗恒星发生猛烈撞击后，向外抛洒的碎片运动轨迹为什么近似圆形（所有行星的轨道都是这种形状），而不是更长的椭圆形。

为了挽回局面，人们只得假设，外来恒星撞击太阳产生行星的时候，太阳实际上包裹在一层旋转的均匀气体中，正是因为这些气体的存在，行星椭圆形的轨道才被修正成了圆形。但我们在行星如今所在的空间中完全观察不到这样的介质，所以他们进一步假设，这些气体后来逐渐散逸到了恒星际空间中，目前太阳黄道平面上微弱的黄道光就是那辉煌的往昔留下的遗迹。但这套融合了康德－拉普拉斯"气体封套"和布丰碰撞假说的理论依然不算圆满。不过正如一句谚语所说，"两害相权取其轻"，人们最终选择了接受碰撞假说，直到最近，你仍能看到它出现在各种各样的论文、教科书和科普读物中（包括本书作者的两本书籍：出版于1940年的《太阳的诞生和死亡》，以及1941年首次出版、1959年修订出版的《地球传》）。

直到 1943 年秋，年轻的德国物理学家 C. 魏茨泽克（C.Weizsäcker）才解开了行星理论中的戈耳狄俄斯之结。[1] 利用最新的天文学研究成果，他成功解决了原本困扰康德－拉普拉斯假说的那些难题，沿着这条路继续向前，我们完全可以建立行星起源的完整理论，解释行星系的许多重要特性，达到旧理论未曾触及的高度。

过去二十年来，天体物理学家对宇宙物质化学成分的认识发生了翻天覆地的变化，这正是魏茨泽克突破难题的关键所在。以前人们普遍相信，太阳和其他恒星内部各种化学元素的比例都跟地球差不多。化学分析结果告诉我们，地球主要由氧（以各种氧化物的形式存在）、硅、铁和少量其他更重的元素构成。氢和氦（还有其他所谓的稀有气体，例如氖、氩）等较轻的气体在地球上十分稀少。[2]

由于缺乏更好的证据，天文学家只能假设，这些气体在太阳和其他恒星内部也非常稀少。但是丹麦天体物理学家 B. 斯特龙根（B.Stromgren）对恒星结构进行了详细的理论研究，最终得出结论，以前的假设完全靠不住，事实上，太阳至少有 35% 的成分是纯粹的氢，后来这个比例又增加到了 50% 以上。除此以外，他还发现，恒星内部氦元素的占比也十分可观。物理学家从理论上研究了太阳的内

---

1. Gordian Knot，典出欧洲民间传说，指常规手法无法解开的难题。——译注
2. 氢在地球上的存在形式主要是和氧结合形成水。但谁都知道，尽管水覆盖了地表四分之三的面积，但相对于整个地球的质量来说，水的总量微乎其微。

部结构（M.史瓦西最近发表的重要成果代表着这个领域的巅峰），又对太阳表面进行了更详细的光谱分析，最终得出了一个惊人的结论：地球上的主要元素只占据了太阳质量的 1%，实际上，太阳差不多一半的质量是氢，另一半是氦，前者略多于后者。显然，其他恒星的成分也跟太阳差不多。

此外，现在我们知道，恒星际空间并非真空，而是充满了气体和细小的尘埃，宇宙中的平均物质密度约为每 1,000,000 立方英里 1 毫克。这些非常稀薄的弥散物质化学成分与太阳和其他恒星完全相同。

尽管恒星际物质密度极低，但我们很容易证明它的存在；因为遥远恒星发出的光芒需要穿过数十万光年的空间才能进入我们的望远镜，恒星际物质会对这些光产生明显可见的选择性吸收。这些"恒星际吸收线"的强度和位置让我们能够比较准确地估计弥散物质的密度和成分，它几乎完全由氢组成，可能还有少量的氦。事实上，各种"地球成分"的微粒（直径约 0.001 毫米）在恒星际物质中的占比不超过总质量的 1%。

现在回过头来看魏茨泽克理论的基础论点，我们或许可以说，关于宇宙物质化学成分的新知识为康德－拉普拉斯假说提供了直接的支持。事实上，如果包裹太阳的原始气体由这类物质组成，那么其中只有一小部分气体——也就是那些更重的"地球"元素——能够用于构建地球和其他行星。其余无法凝聚的氢和氦必然以某种方式分了出去，要么坠向太阳，要么散逸到周围的恒星际空间中。根据刚才的解释，如果这些气体坠向太阳，那么必然导致太阳自转加速，所以我们只能接受后一种假设，也就是说，"地球"元素组成行星以后不久，这些"多余的"气态物质就散逸到了空间中。

于是我们描绘出了下面这幅行星系形成的图景。首先，恒星际物质凝聚形成太阳（见下一节），但仍有很大一部分物质（可能相当于行星总质量的一百倍）留在外面，形成了一个旋转的巨型封套（我们可以轻松解释这种现象的成因：聚集形成原始太阳的恒星际气体，各部分的旋转状态不尽相同）。这个快速旋转的封套由不凝聚的气体（氢、氦和少量其他气体）和各种地球材料（例如氧化铁、硅的化合物、水滴和冰晶）的尘埃微粒组成，后者漂浮在气体内部随之旋转。尘埃微粒彼此碰撞，渐渐聚集形成越来越大的物质团，行星的雏形开始出现。在图 118 中，我们可以看到尘埃微粒以堪比陨石坠落的速度相互碰撞的结果，这样的碰撞必然发生过。

基于逻辑推理，我们必然得出一个结论：如果两块质量大体相当的物质以这样的速度互相碰撞，那么它们肯定会双双粉碎（图 118a），这样的碰撞无助于大块物质团的形成，反倒会摧毁它们。从另一方面来说，如果较小的微粒撞上一块大得多的物质（图 118b），那么它肯定会钻进后者的身体，由此形成一个略大一些的新物质团。

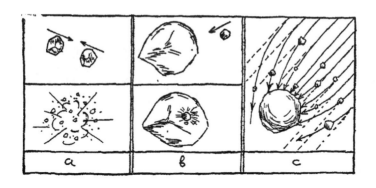

图 118

显然，这两种过程都会导致小微粒逐渐消失，它们将融合形成更大的团块。到了后期，这个融合过程会变得越来越快，因为大块物质产生的引力会捕捉附近掠过的小粒子，将它们融入自己的身体。通过图118c，我们可以看到大物质团的捕获效应产生的惊人效果。

魏茨泽克成功地证明了原本散布于整个行星系空间内的尘埃微粒必然逐渐聚集，形成几个大物质团，也就是行星的雏形，这个过程大约需要一亿年。

大小不等的星际物质一边绕着太阳旋转，一边聚集成团，在这个过程中，新材料持续不断的撞击必然使得大物质团始终保持滚烫。不过，随着星际尘埃、小石块和更大的岩石块逐渐耗尽，物质团的体积不再增长，向外的热辐射必然导致这些新形成的天体表面迅速冷却，形成一层坚固的硬壳；接下来，随着行星内部继续冷却，这层硬壳也会变得越来越厚。

行星名称	与太阳的距离 （以地日距离为单位）	各行星与太阳的距离除以前一颗行星与太阳距离得到的比值
水星	0.387	—
金星	0.723	1.86
地球	1.000	1.38
火星	1.524	1.52
小行星带	约 2.7	1.77
木星	5.203	1.92
土星	9.539	1.83
天王星	19.191	2.001
海王星	30.07	1.56
冥王星	39.52	1.31

行星起源理论必须解决的另一个关键问题是，不同的行星与太阳之间的距离为什么会遵循特定的规则（我们称之为提丢斯 - 波得定则）。上一页的表格列出了太阳系的 9 颗行星和小行星带与太阳之间的距离，小行星带显然是个特例，它让我们看到了没能成功聚集成团的独立碎片最终的结局。

表格最后一列的数字非常有趣。除了个别例外，这些数字都和 2 相去不远，于是我们粗略地总结出一条规律：各行星的轨道半径约等于前一颗行星的 2 倍。

卫星名称	与土星之间的距离 （以土星半径为单位）	两颗相邻卫星与土星 的距离之比
弥玛斯	3.11	—
恩赛勒达斯	3.99	1.28
忒堤斯	4.94	1.24
狄俄涅	6.33	1.28
瑞亚	8.84	1.39
泰坦	20.48	2.31
许珀里翁	24.82	1.21
伊阿珀托斯	59.68	2.40
菲比	216.8	3.63

更有趣的是，各行星的卫星也遵循类似的规律，比如说，通过上面这张表格里土星的 9 颗卫星与土星之间的距离之比，我们可以看出一些端倪。

和行星一样，卫星的距离之比也有几个例外（尤其是菲比！），但毫无疑问，整体来说，卫星与行星的距离的确有规律可循。

围绕太阳的原始尘埃云没有聚集成一个大团，而是分成了几个小块，而且这些小块最终形成的行星与太阳之间的距离又这么有规律，这到底是为什么呢？

要回答这个问题，我们还得进一步研究原始尘埃云内部物质的运动。首先我们必须记住，任何物体——无论是尘埃微粒、小陨石还是更大的行星——围绕太阳运动时都遵循牛顿引力定律，因此它们的公转轨道必然是以太阳为焦点的椭圆形。如果形成行星的物质曾是直径 0.0001 厘米的独立微粒 [1]，那么当时必然有大约 10^{45} 个微粒沿着形状各异、扁度不一的椭圆形轨道绕太阳旋转。交通如此繁忙，碰撞在所难免，这样的碰撞又会导致整个尘埃群按照某种规律组织起来。事实上，不难理解，微粒的碰撞要么让"车祸肇事者"粉身碎骨，要么迫使它们"绕路"前往相对空旷的"车道"。那么这样的"组织"过程，或者说至少部分有组织的"交通行为"，到底遵循什么规律？

要解决这个问题，我们不妨先挑选一组绕太阳公转周期相同的微粒。其中部分微粒的轨道是半径处处相等的圆形，另一些微粒的椭圆轨道扁度不一（图 119a）。现在，我们以一个绕太阳公转周期与这些微粒相同的坐标系（X，Y）为参照，描述这些粒子的运动。

首先，以这个旋转坐标系为参照的话，绕圆形轨道运动的微粒（A）显然完全静止在 A' 点上。沿椭圆轨道运行的微粒 B 离太阳忽近忽远，靠近太阳的时候角速度较大，远离太阳时角速度较小，所以它有时候会跑到匀速旋转的坐标系（X，Y）前面，有时候又会落到后面。不难看出，从这个角度观察，微粒 B 的运动轨迹形成了豆荚形的封闭

---

1. 组成恒星际物质的尘埃微粒差不多就是这么大。

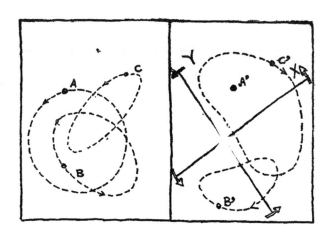

图 119
以静止坐标系（a）和旋转坐标系（b）为参照观察圆周运动和椭圆运动

轨道 B'，如图 119b 所示。还有另一个微粒 C，它绕着一条更扁的椭圆形轨道运动，那么以坐标系（X，Y）为参照的话，它的运动轨迹就是一个更大的豆荚，标记为 C'。

显然，如果我们希望一大群微粒互不干扰地运动，那么以均匀旋转的坐标系（X，Y）为参照，这些微粒的豆荚形运动轨道必须互不相交。

别忘了，公转周期相同的微粒和太阳的平均距离必然相等，于是我们发现，在坐标系（X，Y）下，这些不相交的轨道围绕太阳形成了一条"豆荚项链"。

读者要理解这段描述可能有些困难，但它背后的原理其实相当简单，这是为了告诉我们，和太阳平均距离相等（因而拥有同样公转周期）的微粒如何才能互不干扰地运动。

尘埃云中围绕原始太阳运动的微粒和太阳的平均距离大小不一，公转周期也各不相同，所以实际情况必然更加复杂。围绕太阳旋转的"豆荚项链"绝不止一条，而是很多很多条，它们的速度各不相同。魏茨泽克仔细分析了上述情况，最终发现，要让这样的系统稳定下来，每条"项链"必然包含五个独立的旋涡状结构，所以原始太阳系内的运动全景肯定和图120差不多。这样的排列能够确保每条项链内部的"交通安全"，但是由于这些项链旋转的周期不尽相同，所以不同的项链一旦接触必然发生"交通事故"。相邻项链的边界区域时常发生碰撞，这必然导致物质在特定距离上聚集形成越来越大的团块。这样一来，每条项链内部的物质越来越稀薄，边界区域富集的物质却越来越多，行星终于开始显露雏形。

通过上面描述的行星系形成过程，我们可以简单地解释行星的轨道半径为什么会遵循特定的规律。事实上，只要从几何角度简单思考一下就很容易发现，按照图120所示的运动图样，相邻项链之间连续边界线的半径形成了一个简单的几何级数，每条边界的半径都等于上一条的两倍。我们还可以看到，这条定则为什么表现得不够精确。事实上，原始尘埃云内的微粒运动并没有严格遵循某种定律，而只是在不规律的运动中表现出了一种特定的趋势。

各行星的卫星轨道半径也遵循同样的规律，这意味着卫星的形成过程大体和行星一致。包裹太阳的原始尘埃云

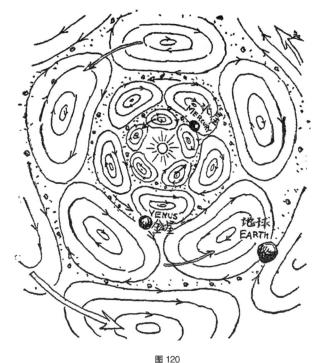

图 120
原始太阳封套内的尘埃交通路线

分散形成独立微粒群（它们是行星的雏形）时，同样的过程在各个微粒群内部再次重复：大部分材料聚集在中心形成行星本体，剩下的物质绕着行星旋转，最终聚集形成数个卫星。

discuss 讨论尘埃微粒互相碰撞、聚集成团的时候，我们忘了交代原始太阳系封套内那些气体成分的下落；也许你还记得，它们占据了 99% 的质量。其实这些气体的去向十分简单。

尘埃微粒碰撞形成越来越大的物质团，与此同时，无法聚集的气体逐渐散逸到恒星际空间中。只需要简单地算一算我们就会发现，这样的散逸过程大约需要 100,000,000 年，也就是说，和行星发育所需的时间大致相等。因此，等到行星最终成形，原始太阳系封套内的大部分氢和氦必然已经离开了太阳系，只剩下微不足道的一点儿痕迹，它就是我们前面提到过的黄道光。

魏茨泽克理论还得出了一个重要的结论：太阳系的形成并非特例，宇宙内几乎所有恒星在形成过程中都必然发生过类似的事情。这个结论与碰撞理论针锋相对，后者认为，行星的形成在宇宙中十分罕见。事实上，按照碰撞理论的计算结果，恒星碰撞产生行星系，这种事发生的概率非常非常低；银河系中大约有 40,000,000,000 颗恒星，在它数十亿年的历史中，这样的碰撞可能只发生过几次。

但是如果魏茨泽克是对的，每颗恒星都拥有一个行星系，那么光是我们的银河系就应该拥有几百万颗物理环境类似地球的行星。如果这些"宜居"世界完全没有发展出生命——甚至是最高形态的生命——那我们至少可以说，这真是太奇怪了。

事实上，正如我们在第九章中看到的，最简单的生命形式（例如各种病毒）实际上只是一些相当复杂的分子，它们主要由碳、氢、氧和氮原子组成。这些元素在任何新形成的行星表面都必然大量存在，所以我们必须相信，一旦硬质地壳成形，大气中的水蒸气凝聚降雨，汇成较大的水体，那么只要必需的原子按照特定顺序偶然地组合起来，地面上早晚会出现几个这样的分子。当然，由于活分子非常复杂，所以它们意外形成的概率极低，这就像你捧着装拼图的盒子晃一晃，它们又有多大的概率自动拼成完整的图案呢？不过从另一方面来说，我们千万不能忘记，不断碰撞的原子数量极多，而且它们拥有近乎无限的时间，所以生命诞生的机会并没有你想象的那么渺茫。事实上，地球的地壳形成后不久就出现了生命，这意味着初始原子可能只需要几亿年时间就能意外形成复杂的有机分子。一旦最简单的生命形式出现在新形成的行星表面上，有机繁殖过程和渐进的演化就会创造出越来越复杂的生命。[1]我们无从得知，其他"宜居"行星上生命演化的过程是否也和地球一样。研究不同世界的生命必将为我们理解演化过程提供关键的助力。

或许在不久的将来，我们就能乘坐"核动力太空飞船"前往火星和金星探险，研究那里的生命；但是几百光年甚至几千光年外的恒星世界里是否存在生命，或者说存在什么样的生命，这或许是科学永远无法解答的谜团。

---

1. 关于地球生命起源和演化的更详细的讨论可以参考本书作者的另一部作品《地球传》（纽约，维京出版社，修订版，1959；1941 年首次出版）。

2 恒星的私生活

对恒星孕育行星的完整过程有了一个大体的了解之后，现在我们或许应该研究一下恒星本身。

恒星的一生经历了哪些事情？恒星到底是怎么诞生的，它在漫长的一生中经历过哪些变化，最终又将走向什么样的结局？

要研究恒星，我们可以从太阳入手，它是银河系亿万恒星中相当典型的一颗。首先我们知道，作为一颗恒星，太阳的寿命长得不可思议；"考古"证据表明，太阳已经以同样的亮度燃烧了几十亿年，地球上所有的生命都仰赖它的光芒。任何常规能量源都不可能持续这么长时间输出这么多能量，所以太阳辐射的来源问题一直是科学领域最令人费解的谜题之一，直到我们发现了元素的放射性嬗变和人工嬗变，隐藏在原子核深处的海量能量才开始初现端倪。在第七章中我们已经看到，几乎每一种化学元素都能充当"炼金术"燃料，每个原子内部都储藏着大量能量，如果将物质加热到几百万度，这些能量就有可能释放出来。

尽管地球上的实验室还无法制造出这么高的温度，但在恒星的世界里，这样的高温环境十分常见。比如说，太阳表面的温度只有 $6000\,℃$，但越往里走温度越高，太阳中心的温度达到了惊世骇俗的 2000 万度。根据天文学家观察到的太阳表面温度和组成太阳的气体已知的热传导率，我们很容易就能算出这个数字。利用类似的方法，我们不用切开滚烫的土豆就能算出它的内部温度，只要知道它的表面温度和热传导率就行。

知道了太阳的中心温度和各种核嬗变的反应速率，我们就能推算出太阳的能量具体来自哪些反应。两位对天体物理问题感兴趣的核物理学家同时发现了这个重要的核反应过程（"碳循环"），他们分别是 H. 贝特（H.Bethe）和 C. 魏茨泽克。

为太阳提供能量的热核过程不止一种，确切地说，一系列相互关联的嬗变过程组成了一条完整的反应链。这一系列的反应最有趣的地方在于，它是一个封闭的循环链条，每次走完六个步骤以后，它都会回到第一步。图 121 是太阳核反应链的示意图，如图所示，在这一系列的反应中，最主要的参与者是碳原子和氮原子核，还有与这两种元素发生碰撞的滚烫质子。

比如说，以普通的碳元素（C^{12}）为起点，我们可以看到，它与一个质子发生碰撞，形成氮的轻同位素（N^{13}），同时释放出原子核的一部分能量（以 γ 射线的形式）。这个反应过程核物理学家相当熟悉，事实上，利用人工加速的高能质子，他们已经在实验室环境中重现了同样的过程。N^{13} 的原子核并不稳定，所以它会释放出一个正电子，或者说带正电的 β 粒子，变成稳定的碳重同位素原子核（C^{13}），我们知道，普通的煤炭中就有少量的 C^{13}。接下来，这个碳

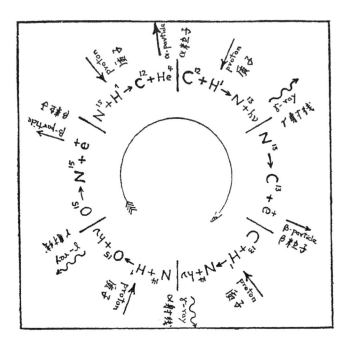

图 121
为太阳提供能量的循环核反应链

同位素又会与另一个灼热质子发生碰撞，从而转化为普通的氮（N^{14}），同时释放出强烈的 γ 射线。然后这个 N^{14} 原子核（我们的描述也可以从 N^{14} 开始）再次与另一个（第三个）滚烫的质子发生碰撞，生成不稳定的氧同位素（O^{15}），后者再次释放出一个正电子，迅速转变成稳定的 N^{15}。到了循环的最后一步，N^{15} 吸收第四个质子，然后分裂成一大一小两个部分，其中一个部分是 C^{12} 原子核（我们的描述正是从这里开始的），另一个部分则是氦原子核，或者说 α 粒子。

于是我们看到，在这个循环反应链中，碳原子核与氮原子核不断毁灭然后重生，用化学术语来说，这两种物质实际上扮演了催化剂的角色。整个反应链的实际效果是相继进入循环的四个质子组成了一个氦原子核，所以我们或许可以说，从本质上说，这个过程其实是高温环境中的氢在碳和氮的催化作用下转化为氦。

贝特成功地证明了发生在 2000 万度高温环境中的这一系列反应释放的能量正好与太阳向外辐射的能量相当。除此以外，其他任何反应都不符合现有的天体物理观测证据，所以我们必须接受这个现实：太阳的能量主要来自碳 - 氮循环反应。值得一提的是，在太阳内部的温度环境中，图 121 所示的反应链走完一个循环大约需要 500 万年，到了循环结束的时候，最初进入反应的每一个碳（或者氮）原子核都将原封不动地重新出现。

人们曾经认为，太阳的热量来自煤炭；如今我们看到了碳在太阳内部循环反应链中扮演的角色，古老的说法似乎依然成立。只是现在我们知道，"煤炭"在太阳里扮演的角色并不是燃料，而更像是传说中浴火重生的凤凰。

特别值得一提的是，尽管太阳释放能量的核反应速率本质上取决于中心区域的温度和密度，但太阳内部氢、氧、氮的含量也有一定程度的影响。这意味着我们或许可以设计一个实验，调整反应物（参加反应的物质）的配比，使之发出的光线完全符合我们观察到的太阳亮度，由此反推出太阳内部各气体组分所占的比例。不久前，M.史瓦西利用这种方法进行了计算，结果发现，太阳内部超过一半的物质是纯粹的氢，氮的占比略小于一半，其他所有元素加起来也微乎其微。

对太阳能量来源的解释可以轻松地套用到其他恒星上，不同恒星拥有不同的中心温度，所以它们产生能量的速率各不相同。比如说，波江座 O_2C 恒星的质量大约是太阳的五分之一，所以它的亮度只有太阳的百分之一左右。从另一方面来说，大犬座 α（天狼星）的质量大约是太阳的 2.5 倍，所以它的亮度是太阳的 40 倍。还有天鹅座 Y380 这样的巨型恒星，它的质量大约是太阳的 40 倍，所以它比太阳亮几十万倍。通过这些例子我们可以看到，随着恒星质量的增大，它的亮度以几何级数增长，这是因为更高的中心温度带来了更快的"碳循环"反应速率。沿着这条"主序恒星"序列，我们还发现，越重的恒星半径越大（波江座 O_2C 的半径只有太阳的 0.43 倍，而天鹅座 Y380 的半径是太阳的 29 倍），但它们的平均密度却随着质量的增大而减小（波江座 O_2C 的密度是 2.5，太阳密度 1.4，天鹅座 Y380 的密度只有 0.002）。我们在图 122 的数据中列出了这些主序恒星的部分数据。

除了这些半径、密度和亮度取决于质量的"正常"恒星以外，天文学家还在天空中发现了一些完全不符合上述简单规律的恒星。

368

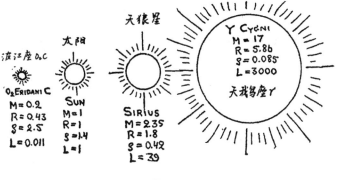

图 122
主序恒星

首先是所谓的"红巨星"和"超巨星",虽然这些恒星拥有的物质数量与同样亮度的"正常"恒星相当,但它们的尺寸却比后者大得多。在图 123 中,我们可以看到这些异常恒星的相对尺寸,其中包括著名的五车二、室宿二、毕宿五、参宿四、帝座和御夫座 ε 。

显然,这些恒星的本体被某种我们无法解释的内部力量"撑"到了这么大的尺寸,所以它们的平均密度远小于正常恒星。

除了这些"膨胀"的恒星以外,我们还发现了另一类直径缩得极小的恒星,其中一种名叫"白矮星"。[1]你可以在图 124 中看到地球与白矮星的相对尺寸。"天狼伴星"的质

---

1. "红巨星"和"白矮星"这两个名字源自这两类恒星的表面亮度。密度极小的恒星释放能量的表面积很大,所以它们的表面温度相对较低,在光谱上呈红色;从另一方面来说,高密度恒星必然拥有极高的表面温度,所以呈现一种"白热"的状态。

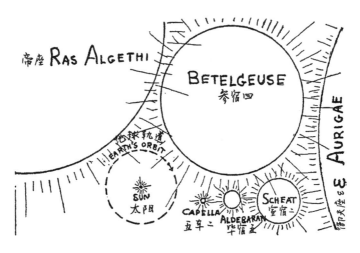

图 123
巨星和超巨星与太阳系的尺寸对比

量和太阳差不多，但它的直径只有地球的 3 倍，这意味着它的平均密度大约是水的 500,000 倍！毋庸置疑，白矮星代表着恒星演化的最终阶段，到了这个时期，恒星内部所有的氢燃料都已耗尽。

正如我们刚才看到的，氢缓慢嬗变为氦的"炼金术"反应是恒星的生命之源。既然弥散星际物质聚集形成的年轻恒星内部超过一半的质量是氢，那么我们不难想象，恒星的寿命一定很长。比如说，根据地球上观测到的太阳亮度，我们可以推算出它每秒大约消耗 6.6 亿吨氢；太阳的总质量高达 2×10^{27} 吨，其中一半的质量是氢，于是我们发现，太阳的寿命长达 15×10^{18} 秒，也就是将近 500 亿年！

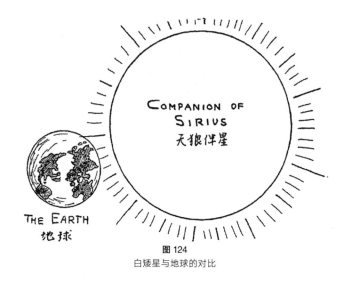

图 124
白矮星与地球的对比

要知道，我们的太阳现在只有三四十亿岁 [1]，对于恒星来说相当年轻，所以在未来的几十亿年里，它还将以同样的亮度照耀我们。

但那些更重（因而也更亮）的恒星消耗氢储备的速度比太阳快得多。比如说，天狼星的质量是太阳的 2.3 倍，因此它最初拥有的氢燃料也只有太阳的 2.3 倍；但天狼星的亮度是太阳的 39 倍，所以它在单位时间内消耗的燃料也是太阳的 39 倍，这样算下来的话，天狼星只需要 30 亿年就会燃烧殆尽。对于那些更亮的恒星来说，例如天鹅座 γ（它的质量是太阳的 17 倍，亮度是太阳的 30,000 倍），初始氢燃

---

1. 根据魏茨泽克理论，太阳形成的时间不会比我们的行星系早多少，而我们估算的地球年龄大约是三四十亿岁，所以太阳的年龄也差不多。

料能够支撑的时间不超过1亿年。

耗光了氢燃料的恒星会变成什么样？

核聚变产生的能量支撑着恒星漫长的生命，确保它总体上维持原状，这些能量消失以后，恒星本体必然开始收缩，密度也变得越来越大。

天文观测结果表明，宇宙中大量存在这类"萎缩恒星"，它们的平均密度是水的好几十万倍。这些恒星依然灼热，极高的表面温度促使它们发出明亮的白光，显著区别于主序恒星正常的黄色或红色光芒。不过，由于这些恒星的尺寸很小，所以它们的总亮度其实不高，大约只有太阳的几千分之一。天文学家将恒星演化的这个最终阶段命名为"白矮星"，这个术语兼顾了总亮度和几何尺寸两方面的特征。随着时间的流逝，白矮星白炽状态的本体变得越来越黯淡，最终变成"黑矮星"，正常天文观测手段完全看不到这些冷冰冰的大团物质。

但不得不提的是，耗尽氢燃料的衰老恒星萎缩冷却的过程不一定都这么安静规矩，实际上，行将就木的恒星在生命中的"最后一英里"常常发生猛烈的爆炸，仿佛是在反抗不可改变的命运。

这些人称"新星爆发"和"超新星爆发"的壮丽事件是恒星研究领域最激动人心的课题之一。短短几天内，天空中一颗平平无奇的恒星亮度暴涨几十万倍，表面变得极度灼热。伴随着亮度的突然增加，恒星的光谱也会随之发生变化，天文学家研究了这方面的数据，结果发现，这些恒星的本体经历了急剧膨胀，外层以每秒 2000 千米左右的速度向外扩张。但亮度的增加只是暂时的，尺寸膨胀到了某个极限以后，恒星开始慢慢安静下来。爆炸恒星的亮度通常只需要一年左右就将恢复如初，不过在这之后很长的一段时间里，它的辐射还将出现一些比较小的变化。虽然恒星的亮度恢复了正常，但它的其他性质就不好说了。恒星的部分大气——尤其是在爆炸期间经历了急速膨胀的那一部分气体——将继续向外扩散，在恒星外部形成一层直径越来越大的发光气壳。目前我们还不清楚爆炸后恒星的性质将发生哪些永久性的变化，因为目前天文学家只拍摄到了一颗新星（御夫座新星，1918 年）爆炸前的光谱照片。但就连这张照片也很不完善，无法帮助我们准确判断这颗恒星爆炸前的表面温度和直径。

通过观测所谓的超新星爆发，我们可以更好地研究恒星体爆炸造成的结果。在我们的银河系里，这样壮丽的爆炸好几个世纪才会发生一次（普通的新星爆发大约每 40 年就会发生一次），超新星的亮度是普通新星的几十万倍。爆发的超新星亮度峰值堪比整个星系。1572 年，第谷·布拉赫（Tycho Brahe）在白天观察到的那颗星星和中国天文学家于 1054 年记录的另一颗星星都是银河系内超新星爆发的典型案例，伯利恒之星可能也是一颗超新星。

1885 年，我们在附近的仙女座大星云里观察到了第一颗银河系外的超新星，它比以往我们观察到的银河系内的任何新星亮一千倍。尽管这样的剧烈爆炸十分罕见，但近年来我们对超新星性质的理解进展可喜，这应该归功于巴德（Baade）和兹威基（Zwicky）的观测，他们首次认识到了超新星爆发和新星爆发之间的重要区别，并开始系统性地研究出现在各个遥远星系中的超新星。

尽管超新星爆发和普通新星爆发亮度相差悬殊，但二者也有很多共同特征。二者的亮度都会急速上升，然后缓慢下降，而且它们的变化曲线形状（除了尺度以外）几乎一模一样。和普通新星一样，超新星爆发也会产生急速膨胀的气壳，不过超新星的气壳带走的质量在恒星总质量中的占比更大。事实上，新星的气壳会变得越来越薄，最终很快消散在周围的空间中；而超新星释放的大量气体会在爆炸波及的区域形成明亮的星云。比如说，1054 年的那颗超新星爆发后，我们在它原来所在的位置看到了"蟹状星云"，它肯定来自恒星爆炸时喷出的气体（见照片 Ⅷ，p.402）。

我们还找到了这颗超新星爆炸后留下的残骸。事实上，我们在蟹状星云的正中央观察到了一颗黯淡的星星，根据它呈现出来的特征，我们可以确定这是一颗密度极大的白矮星。

这意味着超新星爆发的物理过程和普通新星十分相似，只是前者的规模比后者大得多。

接受新星和超新星的"坍缩理论"之前，我们先得问问自己，恒星体为什么会突然急速收缩？目前人们普遍相信的解释是，恒星实际上是灼热气体组成的大质量天体，它之所以能维持自身的形状，全靠内部灼热物质形成的高压。只要我们先前描述的恒星中央的"碳循环"过程还在继续，恒星核产生的原子能就会不断补充表面向外辐射的能量，让恒星维持原来的状态，几乎不发生任何改变。但是一旦恒星内的氢燃料耗尽，原子能彻底枯竭，恒星必然开始收缩，将自身的引力势能转化为辐射。不过，这样的引力收缩过程进行得十分缓慢，因为恒星物质热传导率极低，中心区域的热量需要很长时间才能传到表面。比如说，假如我们的太阳开始坍缩，那么至少一千万年以后，它的直径才会收缩到现在的一半。一旦超过这个收缩速率，多余的引力势能立即就会被释放出来，导致恒星内部的温度和气压上升，从而减缓收缩过程。因此我们发现，要让恒星更快地收缩，就像我们观察到的新星和超新星那样迅速坍缩，唯一的办法是设法移除收缩过程中恒星内部产生的一部分能量。比如说，如果恒星物质的热传导率提升几十亿倍，那么它的收缩速率就将增大同样的倍数，收缩的恒星将在短短几天内迅速坍缩。但是这样的可能性根本就不存在，因为现有的辐射理论清晰地表明，恒星物质的热传导率完全由恒星的密度和温度决定，要让它提升几十几百倍都很困难，更别说几十亿倍。

最近，本书作者和他的同事修罕伯格博士（Dr. Schenberg）提出，恒星坍缩的真正原因在于中微子的大量形成，我们在本书的第七章中详细讨论过这些微小的核粒子。显然，按照中微子的定义，它恰好是转移收缩恒星内部多余能量的理想介质，因为中微子能够轻而易举地穿透整个恒星体，就像窗玻璃无法阻挡普通光线一样。但我们仍不能确定，收缩恒星内部的灼热环境是否真的能够大量生成中微子。

各种元素的原子核捕获高速电子时发生的反应必然会释放出中微子。高速电子进入原子核的瞬间，原子核会向外释放一个高能中微子；电子停留在原子核内部，虽然元素的原子量没变，但原子核却变得不稳定了。新形成的不稳定原子核只能维持很短的一段时间，然后就会迅速衰变，释放出一个电子和另一个中微子。然后这个过程再次从头开始，继续产生新的中微子……（图 125）。

如果温度和密度足够高，就像收缩恒星内部的环境一

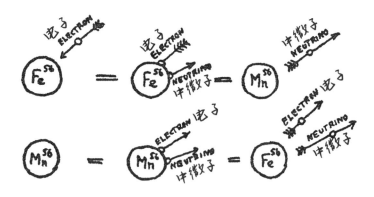

图 125
铁原子核内部的尤卡过程能产生无限多的中微子

样，那么中微子将带走相当可观的能量。比如说，铁原子捕获并重新释放电子，在这个过程中，通过中微子转移的能量多达每秒每克 10^{11} 尔格。[1] 如果把铁换成氧（它产生的不稳定原子核是放射性氮，衰变周期 9 秒），恒星物质损失的能量还将进一步增加到每秒每克 10^{17} 尔格。氧原子损失的能量如此之高，恒星只需要 25 分钟就会彻底坍缩。

所以我们看到，收缩恒星灼热的中心区域通过中微子转移的能量能够圆满解释恒星坍缩的原因。

不过，我们必须说明一点：尽管我们能够比较轻松地估算中微子带走能量的速率，但天文学家对坍缩过程的研究仍面临许多数学上的难题，所以目前我们只能对这类事件做出定性的解释。

不难想象，随着恒星内部的气压不断降低，在引力的作用下，组成恒星巨大本体的物质开始向内坍缩。但是因为恒星通常处于旋转状态，所以它的坍缩过程并不完全对称，两极区域（例如自转轴周围）的物质率先向内塌陷，赤道区域的物质反而被挤到了外面（图 126）。

这个过程会将原本深埋在恒星内部的物质挤到外面去，导致恒星表面的温度骤然升高几十亿度，所以我们才会看到恒星的亮度陡然增长。这个过程继续发展，向内坍缩的物质挤压形成致密的白矮星，被挤出去的物质却逐渐冷却

---

1. 尔格是一个能量单位，1 尔格 $=1 \times 10^{-7}$ 焦耳。——译注

图 126
超新星爆发的早期阶段和晚期阶段

下来，继续向外膨胀，形成蟹状星云那样的弥散结构。

3 原始的混沌和膨胀的宇宙

如果将宇宙当成一个整体，我们立即就会发现一个关键问题：宇宙是否会随着时间而演变？我们是否应该假设，无论过去还是未来，宇宙始终和我们现在看到的样子差不多？又或者宇宙一直都在变化，而且有不同的演化阶段？

对于这个问题，基于各学科积累的知识，我们可以做出非常明确的回答：是的，我们的宇宙一直在缓慢地变化；已被遗忘的过去、眼下的现在和遥远的将来，这三个时间点的宇宙状态各不相同。除此以外，各学科积累的丰富数据还进一步告诉我们，宇宙有一个确定的开始，从那时候起，它慢慢演化成了现在的样子。正如我们之前看到的，太阳系的年龄大约有几十亿岁，无论我们从哪个方向探查，最后算出来的数字都差不多。月球（这颗卫星显然是被太阳的强大引力从地球上撕裂出去的）也必然形成于好几十亿年前。

针对独立恒星演化过程的研究（见上一节）表明，现在我们看到的大部分恒星年龄差不多也是几十亿岁。天文学家研究了恒星的运动，尤其是双星系统、三星系统以及更复杂的星系团内部恒星的相对运动，最后得出结论：这些星星存在的时间不可能超过几十亿年。

宇宙中各种化学元素——尤其是钍和铀这类放射性元素，众所周知，它们会缓慢衰变——铀和钍的相对丰度为我们提供了另一个角度的独立证据。经历了漫长的衰变以后，如果这些元素至今仍存留在宇宙中，那么我们只能推测，要么其他更轻的原子核至今仍在不断组合形成这些重元素，要么这是最后一批年代久远的库存。

根据我们目前对核嬗变过程的认知，前一种可能性必将遭到摈弃，因为哪怕是最灼热的恒星，它的内部温度也不足以"烹制"出放射性重原子核。事实上，正如我们在上一节里看到的，恒星内部的温度大约有几千万度，但利用较轻的原子核"烹制"放射性原子核需要几十亿度的高温。

因此，我们必须假设，重原子核形成于宇宙演化过程中的某个早期阶段，在那个阶段，所有物质都处于超高温高压的可怕环境中。

我们还可以估算一下宇宙这个"炼狱"阶段的大体时间。我们知道，钍和铀238的半衰期分别是180亿年和45亿年，这两种元素自形成以来还没发生过大规模的衰变，因为现在它们的丰度和其他稳定的重元素差不多。从另一方面来说，铀235的半衰期大约只有5亿年，它的丰度也只有铀238的1/140。所以既然现在我们还能看到这么多铀238和钍，那么它们的寿命绝不会超过几十亿年；而铀235相对较少，根据它目前的数量，我们可以做出更准确的估算。事实上，如果这种元素的数量每隔5亿年就减少一半，既然现在铀235的丰度相当于铀238的1/140，那么前者大约应该经历了7次减半（因为 $(\frac{1}{2})^7 = \frac{1}{128}$），也就是35亿年。[1]

根据化学元素丰度估算宇宙年龄的方法以核物理学为基础，由此算出的结果和天文学家观测行星、恒星和星系

---

1. 目前我们主要通过对宇宙微波背景辐射和宇宙膨胀的观测确定宇宙的年龄，当今的理论和观测认为宇宙年龄大约在136亿年到138亿年之间。利用放射性元素做出的估测偏差较大，因为谁也无法确认最初诞生的所有放射性元素丰度是否完全相同。——译注

团得出的结论完全一致！

不过，在几十亿年前那个万物伊始的早期阶段，宇宙到底是一种什么样的状态？在后来的漫长岁月里，它又是怎样逐渐演变成了现在的样子？

要完整地解答这两个问题，我们需要深入研究"宇宙膨胀"现象。在上一章中我们已经看到，广袤的宇宙空间中充斥着无数庞大的星系（或者说恒星系），而我们的太阳不过是其中一个星系（银河系）内数十亿颗恒星之中的一颗。而且在我们能看到（当然是在 200 英寸望远镜的帮助下）的范围内，这些星系大体均匀分布。

通过研究遥远星系的光谱，威尔逊山天文台的天文学家 E.哈勃注意到，这些星系的光谱线微微偏向红端，越遥远的星系"红移"就越明显。事实上，天文学家发现，不同星系"红移"的程度与它到地球的距离直接成正比。

要解释这种现象，最自然的想法就是假设所有星系都在离我们远去，越遥远的星系"后退"的速度越快。这个假设基于所谓的"多普勒效应"：如果光源正在靠近我们，那么光的颜色会偏向光谱的紫端；反过来说，正在远离我们的光线看起来偏红。当然，光源与观察者的相对速度必须达到一定的程度才会产生能被观察到的红移和蓝移。R.W. 伍德教授（Prof. R. W. Wood）因为闯红灯被抓起来的时候就对巴尔的摩的法官提出过这个理由，他说，因为他正开车靠近红绿灯，所以他看到的灯是绿色的，这当然是狡辩。如果这位法官对物理学有一点了解，他就会要求伍德教授好好算算，要把红灯看成绿灯，他的车速需要达到多少，然后给他开张超速罚单！

回到星系"红移"的问题，乍看之下，这个现象完全不合理。宇宙中所有的星系都在逃离银河系，仿佛我们的星系里有一头大怪兽！银河系到底拥有什么可怕的特质，以至于这么不受欢迎？不过要是稍微往深里想想，你很容易就能得出结论：银河系没什么不对头，事实上，并不是其他星系对银河系敬而远之，而是所有星系都在彼此远离。请想象一个波点图案的气球（图127），当你慢慢把它吹胀，气球表面积变得越来越大，波点之间的距离也将不断增长，以任何一个点为参照，你都会觉得其他所有波点正在"逃

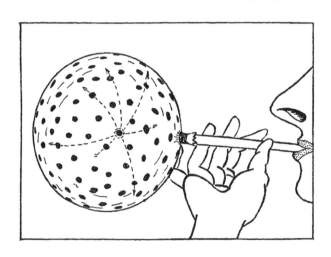

图 127
气球膨胀的时候，球面上的点彼此远离

离"它，而且在这个膨胀的气球表面，不同的点后退的速度与它和参照点之间的距离直接成正比。

通过这个例子，我们清晰地看到，哈勃之所以会观察到其他星系不断后退，并不是因为银河系的性质或者位置有何特殊之处，而只是因为，容纳所有星系的宇宙空间正在缓慢地均匀膨胀。

根据观察到的膨胀速率和相邻星系目前的距离，你可以轻松算出，这样的膨胀至少始于 50 亿年前。[1]

在此之前，如今我们称之为星系的独立星云开始形成整个宇宙空间中均匀分布的各个部分的恒星；再往前走，充斥宇宙的恒星紧紧挤在一起，形成连续分布的灼热气体；沿着时间的河流继续往上回溯，我们发现这些气体变得更加致密滚烫，显然，这正是各种化学元素（尤其是放射性元素）形成的阶段。再往前走一步，我们发现，宇宙中的物质紧紧挤成一团，形成了我们在第七章中讨论过的密度和温度都大得不可思议的"原子核汤"。

现在，我们应该综合这些观察结果，以正确的顺序看看宇宙不同演化阶段的代表事件。

故事从宇宙的胚胎阶段开始，这时候，如今我们能通过威尔逊山望远镜（视野半径 500,000,000 光年）看到的

---

1. 根据哈勃的原始数据，两个相邻星系之间的平均距离大约是 170 万光年（或者说 1.6×10^{19} 千米），而它们相互远离的速率约为每秒 300 千米。假设宇宙膨胀的速率始终不变，那么膨胀的总时间应该等于 $\frac{1.6 \times 10^{19}}{300} = 5 \times 10^{16}$ 秒 $= 1.8 \times 10^9$ 年。不过最新数据表明，宇宙膨胀的时间应该比这更长。

所有物质都挤在半径大约只有太阳 7 倍的球形空间中。[1]不过，这种极度致密的状态维持的时间很短，因为快速的膨胀必然在最初的两秒之内让宇宙的密度下降到原来的百万分之一，等到几个小时以后，宇宙中物质的平均密度就和水差不多了。大约就在这时候，曾经连续的气体必然分成独立的气体团，这就是恒星的雏形。宇宙的膨胀继续分割这些气团，将它们撕裂成独立的星云，直到今天，这些星云形成的星系仍在继续远离彼此，退向宇宙深处未知的世界。

　　现在我们可以问问自己，什么力量导致了宇宙膨胀？宇宙会这么一直膨胀下去吗？或者这样的膨胀总有一天会停下来，然后宇宙将开始收缩？是否存在这样的可能性：宇宙中膨胀的物质回过头来挤压我们的太阳系、银河、太阳、地球和地球上的人类，让一切重新化为一锅极高密度的原子汤？

　　根据目前最可靠的信息，这样的事情绝不可能发生。很久很久以前，在宇宙演化的早期阶段，膨胀的宇宙打破了可能束缚它的所有锁链，现在它将在惯性定律的影响下无限地膨胀下去。我们刚才提到的"束缚"其实就是引力，

---

1. 由于原子核汤的密度是 10^{14} 克／立方厘米，而目前宇宙中物质的平均密度是 10^{-30} 克／立方厘米，所以我们可以算出宇宙的线收缩率等于 $\sqrt[3]{\frac{10^{14}}{10^{-30}}} \approx 5 \times 10^{14}$。因此，如今 5×10^{8} 光年的距离换算到那时候，就是 $\frac{5 \times 10^{8}}{5 \times 10^{14}} = 10^{-6}$ 光年 $= 10000000$ 千米。

引力总是倾向于将宇宙中的所有物质凝聚在一起，不让它们分开。

我们不妨举个简单的例子来说明这个问题。假设我们打算将一枚火箭从地表发射到行星际空间中，我们知道，包括著名的 V2 在内，现有的任何火箭都没有那么大的推力，所以它们无法进入自由的太空；在引力的作用下，升上高空的火箭早晚会筋疲力尽地栽回地面。但是，如果我们能设法推动火箭，让它的初始速度达到每秒 11 千米以上（随着核动力火箭的发展，我们有望达成这个目标），那么它将摆脱地球引力进入自由空间，然后继续运动，不会受到任何阻力。这个每秒 11 千米的速度通常被称为地球引力的"逃逸速度"。

现在，假设有一枚炮弹在半空中爆炸，碎片飞向四面八方（图 128a）。实际上，爆炸的力量推动这些碎片克服了将它们凝聚在一起的引力，所以碎片才会四下飞溅。不用说，这些弹片相互之间的引力小得可以忽略不计，所以它不会影响弹片在空间中的运动。但是如果这些力变得更强一些，它就有可能阻碍弹片在空中的飞行，迫使所有碎片重新坠向它们共同的引力中心（图 128b）。动能与引力势能孰大孰小，这决定了弹片是将坠回原地还是飞向远方。

把这个例子里的弹片换成独立的星系，你就看到了前几页描述的宇宙膨胀图景。不过，由于星系"弹片"的质

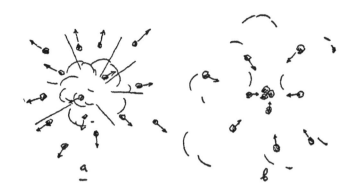

图 128

量很大, 相对于它们的动能, 引力势能也变得不容忽视, [1] 所以我们必须深入研究这两个量之间的关系, 才能确定宇宙的未来。

按照现有的最准确的星系质量估算值, 目前看来, 后退星系的动能比它们之间的引力势能大好几倍, 所以我们的宇宙将永远膨胀下去, 绝不可能被引力重新凝聚到一起。但我们必须记住, 和整体宇宙有关的大部分数据都不够准确, 所以未来的研究可能彻底推翻现在的结论。不过, 就算宇宙突然停止膨胀开始收缩, 我们也得等到几十亿年以后才能看到黑人灵歌描述的那可怕的一幕: "群星开始坠落", 人类被坍塌的星系压成肉泥!

赋予星系碎片如此恐怖高速的爆炸物到底是什么? 答

---

1. 运动粒子的动能与其质量成正比, 而它们之间的引力势能与质量的平方成正比。

案或许有些令人失望：也许根本就不存在所谓的爆炸。现在的宇宙之所以会膨胀，只是因为在之前的某个阶段（当然，这段历史没有留下任何记录），它曾经从无限大收缩到非常致密的状态，然后重新展开，就像被压缩的物质天然拥有极强的弹力。如果你走进一间运动馆，正好看到一个乒乓球从地板上高高弹起，无须思考你就知道，在你进入房间的前一刻，这个球必然从一个很高的地方掉了下来，所以它才会在弹力的作用下重新飞向空中。

现在，我们可以放飞想象的翅膀，问问自己，在所有物质被压缩成原子汤之前的那个时代，宇宙中每一个事件发生的顺序是否正好和现在相反。

如果你在八十亿或者一百亿年前打开这本书，你是否会从最后一页开始读，直到第一页？当时的人们是否从自己的嘴里取出炸鸡，在厨房里赋予它生命，然后把它送到农场，让这只鸡从成年长回童年，最后缩进蛋壳里，几周之后，它就会变成新鲜鸡蛋？虽然这些问题很有趣，但从纯科学的角度，我们完全无法给出答案，因为压缩阶段（就是在这个阶段，所有物质被挤压成了均匀的原子汤）的可怕高压必然彻底抹除过往的所有信息。

[全书完]

译 后 记

伽莫夫本人在 1961 年版前言中表示本书已出版十三年却仍未过时。现在距离他写下这段话又过去了近六十年,这本书还未过时,简直算得上一个奇迹。本书之所以能够如此,很大程度上归功于伽莫夫的写作方式。他侧重于介绍数学和物理的基础内容,这两门学科是现代科学的根基。伽莫夫从浅显的故事入手,抽丝剥茧地带领读者走进未曾涉足的领域,发现我们习以为常的现象背后放诸四海而皆准的客观规律。这样的思考方法和逻辑,是比知识更重要的东西,也是本书历久弥新的关键所在。

对我而言,翻译这本书是一个学习的过程。跟随伽莫夫的脚步,重温科学的方法论,再次体验求学时纯粹的求知和思考带来的快乐。本书之所以会被列入“20 世纪最伟大的科普著作”,成为人们心中的科普经典,正是因为它带来的这份触动。从过去直到未来,科学的思考方式带来的乐趣,绝不会因时间的流逝而消弭。

不过面对经典,惶恐在所难免,我只好战战兢兢,力求吃透每一个点。水平所限,诚请方家不吝指正。为了尽量贴近原著风味,书中所有英制单位都照样保留了下来,只在注释中作出了换算,算是以这样的方式对大师致以一点小小的敬意。

阳曦
2019 年 8 月

1 英寸=0.0254 米 / 1 英尺=0.3048 米 / 1 码=0.9144 米
1 英里=1609.334 米 / 1 盎司=28.350 克

索 引

照 片

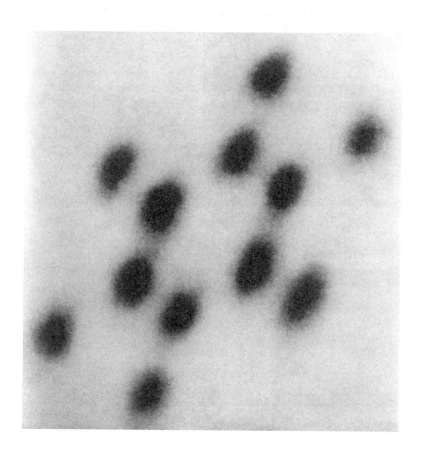

照片 I
放大 175,000,000 倍的六甲基苯分子
（供图：M.L. 哈金斯博士，伊士曼柯达实验室）

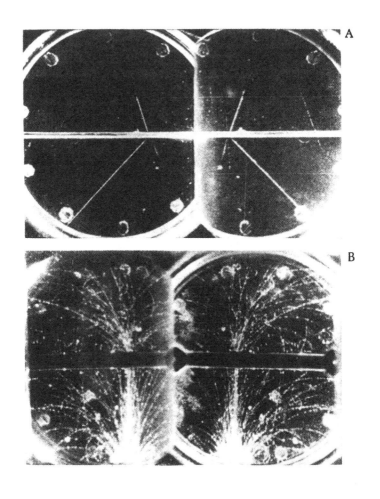

照片 II
A. 始于云室外壁和中间铅板处的宇宙射线簇射。组成簇射的正负电子在磁场中偏向
相反的方向。
B. 宇宙射线粒子在中央隔板上引发核衰变。
（供图：卡尔·安德森，加州理工学院）

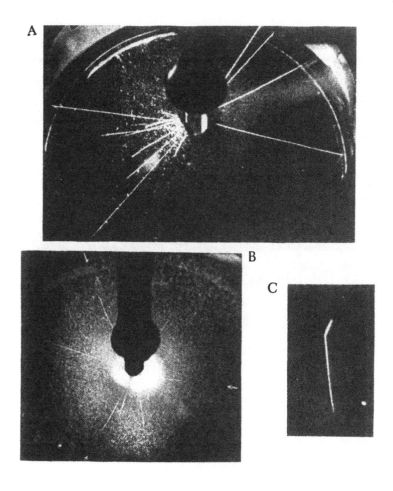

照片 III
人工加速粒子束引发的原子核嬗变。

A. 一个快氘核在云室内击中重氢气体的另一个氘核，生成一个氚核和一个普通氢核（$_1D^2 + _1D^2 \rightarrow _1T^3 + _1H^1$）。

B. 一个快质子击中一个硼原子核，让后者分裂成三个相等的部分（$_5B^{11} + _1H^1 \rightarrow 3{_2}He^4$）。

C. 一个看不见的中子从左向右运动，将一个氮原子核击碎，形成一个硼核（向上的轨迹）和一个氦核（向下的轨迹）（$_7N^{14} + _0n^1 \rightarrow _5B^{11} + _2He^4$）。

（供图：迪博士和费瑟博士，剑桥大学）

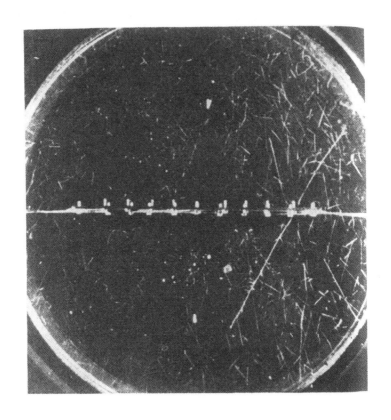

照片 Ⅳ

铀核裂变的云室照片

一个中子（图中当然看不见）击中云室中央薄片上的一个铀核，两条轨迹对应的两
个裂变碎片分别携带着大约 100 兆电子伏的能量向外飞出。

（供图：T.K. 伯吉尔德，K.T. 布罗斯托姆，汤姆·劳里特森，哥本哈根理论物理研究所）

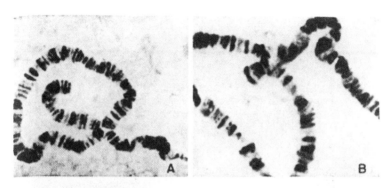

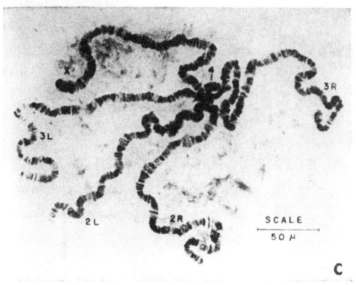

照片 V

A 和 B 是果蝇唾液腺染色体的显微照片，从中可以看到基因的转位和互换。
C 是雌性果蝇幼虫的染色体照片。标记为 X 的是一对紧挨在一起的 X 染色体；2L
和 2R 是第二对染色体；3L 和 3R 是第三对；标记为 4 的是第四对染色体。
（出自《果蝇指南》，D. 德莫里克，B.P. 卡夫曼，华盛顿，华盛顿卡内基基金会，
1945。由德莫里克先生授权使用。）

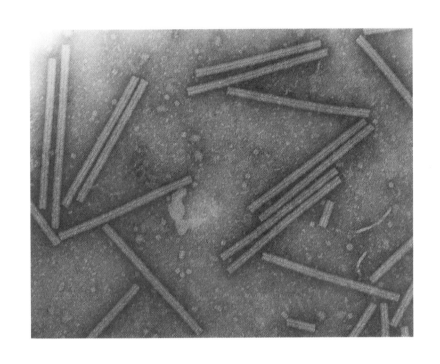

照片 Ⅵ
活的分子？这张照片是烟草花叶病毒微粒。

A

B

照片 VII
A. 大熊座旋涡星云俯视图，一座遥远的宇宙岛。
B. 后发座旋涡星云侧视图，另一座遥远的宇宙岛。

照片 VIII
蟹状星云。1054 年，中国天文学家在天空中的这片区域观察到了超新星爆发向外
喷出的膨胀气体层。

作者 | 乔治·伽莫夫

George Gamow 1904—1968

1904 年生于乌克兰的敖德萨，1928 年在列宁格勒大学获得物理学博士学位，1933 年逃离苏联前往法国，1934 年移居美国，先后担任华盛顿大学、加州伯克利分校、科罗拉多大学教授。1940 年代首创热大爆炸宇宙学模型，1950 年代提出遗传密码模型。

伽莫夫被奉为科学写作的一代宗师，其作品深入浅出、幽默生动，对传播抽象深奥的物理学理论起到了积极的推动作用。

译者 | 阳曦

专注科普作品翻译与科幻文学创作。

在《科幻世界》等杂志发表多部原创作品，是《环球科学》等杂志长期合作译者。

已出版译作《从一到无穷大》《物理世界奇遇记》等。

从一到无穷大

作者 _ [美]乔治·伽莫夫　译者 _ 阳曦

产品经理 _ 曹曼 扈梦秋　　装帧设计 _ 朱镜霖 陆震　　产品总监 _ 曹曼

执行印制 _ 梁拥军　　出品人 _ 路金波

营销团队 _ 阮班欢 李佳 杨喆　　物料设计 _ 孙莹

果麦

www.guomai.cc

以 微 小 的 力 量 推 动 文 明

图书在版编目（ＣＩＰ）数据

从一到无穷大 / (美) 乔治·伽莫夫著 ; 阳曦译
. -- 昆明 : 云南人民出版社, 2022.5
ISBN 978-7-222-21029-5

Ⅰ.①从… Ⅱ.①乔…②阳… Ⅲ.①数学 - 青少年
读物 Ⅳ.①O1-49

中国版本图书馆CIP数据核字(2022)第059909号

责任编辑：刘 娟
责任校对：和晓玲
责任印制：马文杰
产品经理：曹 曼 扈梦秋
装帧设计：朱镜霖 陆 震

从一到无穷大
CONG YI DAO WUQIONG DA
〔美〕乔治·伽莫夫 著 阳曦 译

出版	云南出版集团 云南人民出版社
发行	云南人民出版社
社址	昆明市环城西路609号
邮编	650034
网址	www.ynpph.com.cn
E-mail	ynrms@sina.com
开本	880mm×1230mm 1/32
印张	13
印数	1—5,000
字数	240千字
版次	2022年5月第1版第1次印刷
印刷	河北鹏润印刷有限公司
书号	ISBN 978-7-222-21029-5
定价	88.00元

如发现印装质量问题,影响阅读,请联系021-64386496调换。